[英]纳迪娅·纳拉因

凯蒂娅·纳拉因·菲利普斯 著

self-care for the real world

自我关爱

张江峰 译

北京联合出版公司

Beijing United Publishing Co.,Ltd.

图书在版编目（CIP）数据

自我关爱 / (英) 纳迪娅·纳拉因, (英) 凯蒂娅·
纳拉因·菲利普斯著；张江峰译. — 北京：北京联合
出版公司, 2018.11

　ISBN 978-7-5596-2507-6

　Ⅰ.①自⋯ Ⅱ.①纳⋯ ②凯⋯ ③张⋯ Ⅲ.①人生哲
学 – 通俗读物 Ⅳ.①B821-49

中国版本图书馆CIP数据核字（2018）第207995号

北京市版权局著作权合同登记号：01-2018-5914号

Copyright © Nadia Nariain & Katia Narain Phillips, 2017
First published as SELF-CARE FOR THE REAL WORLD by Hutchinson,
Hutchinson, an imprint of Cornerstone Publishing. Cornerstone
Publishing is a part of the Penguin Random House group of companies.

自我关爱

作　　者：(英) 纳迪娅·纳拉因　凯蒂娅·纳拉因·菲利普斯
译　　者：张江峰　　　　　　　　责任编辑：牛炜征
特约编辑：丛龙艳　　　　　　　　版权编辑：蔡　苗
产品经理：于海娣

北京联合出版公司出版
（北京市西城区德外大街83号楼9层　100088）
北京联合天畅文化传播公司发行
天津光之彩印刷有限公司印刷　新华书店经销
字数：170千字　　787mm×1092mm　1/32　印张：9
2018年11月第1版　2018年11月第1次印刷
ISBN 978-7-5596-2507-6
定价：68.00元

致父母

· 什么是自我关爱 ·

我开始相信，自我关爱并不是自我放纵，而是一种生存行为。

——奥德丽·罗德

在基本层面上，自我关爱意味着让自己吃饱、穿暖、保持整洁，在世上发挥一定作用。每个人都在尝试自我关爱，即使人们并没有意识到这个问题。在本书中，我们想帮助大家学习怎样把自我关爱变成一个丰富的整体，而不仅仅局限于其一般功能。我们喜欢用这样的方式定义自我关爱：像用爱、善良和耐心去照顾一个孩子或者一个亲密朋友那样去照顾自己。我们用"关爱"这个词来表示赞美，然而谈到自我关爱时，人们有时会认为这意味着只关心自己，而不顾对其他人的影响。甚至有人会说自我关爱就是自私。但我们相信，如果觉得自己已经是最好的面貌，那么我们将会为这个世界奉献更多。当自我感觉很好时，我们会为自己也为他人做更多好的、善意的事情。那么，很自然，我们会让生命中的美好事物生长。同理，当感觉不好的时候，我们就会变得更加自私和固执，也就没有精力去关心他人或者其他事物。

在 Instagram（移动社交应用）上，自我关爱有时候看起来仅仅是健康引领者的标签，但我们希望你能意识到，自我关爱绝不仅仅属于那些有大把空闲时间、大把金钱去做昂贵按摩和足疗的人。你大可不必等到生活不再忙碌、饮食结构完善，或者买了高档瑜伽裤以后才去自我关爱。

对我们来说，自我关爱并非自我封闭或者与世隔绝，相反，自我关爱意味着全身心地投入到生活中去。忽视自身需求会让你油尽灯枯，但是自我关爱会给你充电，让你重新焕发活力。

这是一个真实的世界，时时处处都需要你付出时间和能量，但是你也应该像身边的其他人一样，把一些时间和能量留给自己。自我关爱并不意味着以一种极端的方式来彻底颠覆你的生活。试问谁又有时间去做这些呢？自我关爱是在当下满足自己的需求，而不是去想应该到达某个境地，进而思考你能够采取的、可以更好地关爱自己的小步骤，你会惊讶地发现，几个小小的步骤居然就能改变你的生活。

请记住，自我关爱并非自私，而是学会自爱、自尊、自我同情。

很快你就会发现这一切给自己和身边的人带来的幸福的影响。

　　这本书囊括了我们多年努力总结出来的思想，希望能够对您有所助益。

▪ 什么是自我关爱

　　你可能已经知道了一些基本的东西：自由活动，滋补身体，滋养思想与灵魂，等等。但是，请记住，自我关爱是因人而异的，这一点很重要。要想确定自我关爱对你自己来说意味着什么，最好的办法是学着去分辨"你需要的"和"你想要的"之间的差别。得到"你想要的"是很肤浅的，无论是得到最新款的 iPhone 还是一双很棒的鞋。它们可能会给你短时间的满足，但这种满足感不会长久，而"你需要的"带给你的感受更深刻。

　　营养、培养、资源、充电、加油、爱与善良，这些词语表达了自我关爱的本质。请记住这些词语，当你想要停下来的时候，问问自己，这是在滋养我吗？这是在给我加油吗？这是在给我充电吗？

　　在眼前之事与你的生活之间找到某种平衡，这一点非常重要，如此，你就能得到一个整体的认知，并做出相应的调整。

　　自我关爱意味着你要在生活的不同时间段做不同的事情。比如一些大事发生时——分手、丧亲、搬家——你应该以一种温和的方式照

顾自己；而当诸事顺利，让你有一些闲暇时光和精力时，最好的自我
关爱可能是给自己一点挑战。

记住，只有你自己的方法对你来说才是适用的——甚至我们的方法对你来说都不适用！因此这本书实际上是为了帮助你找到真正适合自己的方法。

■ 关爱自己不是随心随欲

我们的使命不是要达到完美，而是要接受自己是一个普通人，接受自己的优点和缺点，要相信自己应该获得快乐和幸福，然后尽己所能去达到这个目的。

过往经验告诉我们，奇思妙想没用，盲目积极的态度也没用，当你感觉糟糕的时候，一味地喊着积极的"咒语"，有时反而会雪上加霜。最有效的方法是学习对你有用的东西，找出你力所能及、小而有力的改变，这些改变会改变你的感觉方式。

如果不习惯的话，强行让自己感觉良好会有些怪异。也许你不知何故，学会相信自己并不值得被关爱。但事实上，你是应该被关爱的，而你自己是做这件事情的第一人选，也是最好的人选。

你知道飞机安全演示中提到的氧气面罩吗？为什么要求你在给孩子戴上氧气面罩前先要戴好自己的？多年来我们都不得其解，但随

着越来越了解自我关爱，我们也就会越来越清楚，如果父母在紧急情况下不先戴上氧气面罩，那么他们的孩子就很难活下来。这适用于生活中的各个方面：如果在情感上、身体上或精神上都疲惫不堪，那么你就没有什么可以给别人的了。

你可以把它看作最有弹性的生存方式：现在你可能深陷在生活的巨浪中四处翻滚，学习自我关爱就像一块板接着一块板地建造属于你自己的救生船，一旦你有了自己的船，哪怕你仍然会被海浪摇晃，你也会有安全感和稳定感，与此同时，你也有能力在路途中接上其他人。

▪ 知你所需

自我关爱的第一步是集中注意力，倾听你身体的所需、所感，进而磨炼你的直觉。通过书中我们所建议的练习，你将会更好地阅读和理解自己的身体。

我们深知，当你总是被诸如"你该做什么""你该吃什么或者不该吃什么"等信息狂轰滥炸时，你会很艰难。你是否倾向于尝试一些常规的方式，比如戒掉糖类，然后让其他人也尝试这种方式？我们曾经这样做过，但是没有一个方法能适用于每个人且屡试不爽。如果只是一味听从他人的驱使，那么你可能无法从他们那里得到你所渴求的能量或放松。如果你的新习惯不符合你的所需，那么它自然无法持久。

你可能太忙，以致已经很久没有审视自己了。下班后你真的想去上动感单车课吗？还是只是因为你觉得自己应该去？今天的第四杯咖啡（或者茶）是一种习惯还是一种必需品？（如果你认为它是必需品，那么我们可能要让你在余下的章节里适当休息了！）为什么你要吃那块大小够一家人吃的巧克力呢，是为了开心吗？或者你只是试图填满你和别人打了一架以后所陷入的空虚？

我们将会教你如何审视自己的身体，这样你就可以随时检查效果。相信我们，你的身体知道一切。

▪ 我们的自我关爱之路

　　我们的自我关爱之路是漫长而曲折的，在这条艰难的路上，我们吸取了很多教训。从很小的时候，我们就练习瑜伽和按摩，在学习关爱自己之前，我们就已经很擅长关爱他人了。

- **我们喜欢列清单**

马特·海格在《活下去的理由》一书中，阐释了他是如何创造出伟大的清单来抵抗自己的焦虑和沮丧的。他写了一份让自己沮丧的事情清单，也写了一份让自己开心的事情清单。当我们读到这些的时候，也开始着手来做属于自己的自我关爱清单：写下让我们感觉糟糕的事情，以及那些让我们开心、踏实的事情。我们可以把彼此的清单结合在一起，因为我们大体相似，除了烹饪（凯蒂娅的事儿）和冥想（只有纳迪娅喜欢）。你的清单上都会列什么？把它写下来。

我们的非自我关爱清单

* 连续熬夜。

* 对现状不满。

* 伪装自己。

* 不断地和他人比较。

* 不在意自己的身体。

* 摄入过多的糖。

* 吃垃圾食品。

* 工作量太大。

* 瑜伽练习不够。

* 浏览 Instagram 太久而忘记
  冥想。

* 心思游离。

* 沉迷于电视。

* 沉迷于社交媒体。

* 需要休假时不休。

* 不按时吃饭。

* 远离家人和朋友。

* 长久地被人群包围。

我们的非自我关爱清单

* 确保大部分晚上在 10:30 上床
  休息。

* 睡前洗澡放松一下。

* 提前准备食物，吃得健康、美味。

* 接近家人和朋友。

* 跳舞。

* 上瑜伽课。

* 每天冥想（凯蒂娅就是这样）。

* 每天早晚写感恩日记。

* 诚实面对自己。

* 关注自我批评，调整到积极的
  方向。

* 善待自己，就像善待我们所教
  所养之人。

* 在需要时小憩或者休息。

* 走近大自然。

* 去大海里游泳。

* 有安静的时间。

LOVE

在生命里种下更多的爱

　　只需要一段时间，你就能接受自己并没有任何问题这种可能性。

　　　　　　　　　　　　　　　　　　——谢里·胡贝尔

　　你可能认为爱自己听起来有点自我放纵的意味，但当你完整练习时，它会让你对自己的生活承担更多的责任，从而减少给你所爱之人的压力。自爱并非自恋或自我，它是对自己和周围人的一种仁慈。这意味着你不必从其他人和事上寻找爱，或者指望别人填补你内心的空虚。

　　我们可能错误地认为爱只意味着浪漫的爱情，如果此刻还没有浪漫的爱情，就意味着没有被爱或不可爱。这就是为什么说自爱和自我关爱是一件大事；它们也是爱的一种，无论发生什么事，你都可以确信它们就在你的身边。

　　关爱自己会让你更开放地去接受别人的爱，同时也能付出更多的爱。这是个从你开始的良性循环。

　　一些幸运者在童年时期便学会了爱自己，但是大多数人不得不在人生的不同阶段来学习这一过程。希望这一章可以帮到你。

·相信自己没有任何问题·

假如我原谅了自己呢？假如哪怕做了一些不该做的事，我依
然原谅了自己呢？假如我很遗憾，但是即便时光倒流，我依然不
愿改变选择呢？假如那些我不该做的事情难住了我呢？假如一切
无法挽回呢？假如已经挽回了呢？

——谢丽尔·斯特雷德

用一分钟的时间想象一下，"你没有任何问题"这句话是完全正
确的。多跟自己说几遍，感觉如何？很奇怪，对吧？我们中的很多人
都认为自己需要在某些方面变得更好。也许有人告诉过你，你应该在
学校名列前茅，或者为了取悦你爱的人，你觉得自己应该考到某个名
次。如果考试不及格乃至休学，你依然能够感受到他们的爱，那固然
很好，但是当你觉得父母或者身边重要的人对你的爱是有前提条件的
时候，即便作为成年人，也很难觉得自己做得足够好。

不要误解我们，我们绝对相信应该尽力做到最好，但同样重要
的不是你能做得好，而是你生来就已经充满善意和爱，已经做得
很好。

另外一些发生在你身上的事可能会让你觉得自己有问题。比如某

个你不在场的时刻，一位男性朋友说了一个关于你的小瑕疵，这让你如鲠在喉。即使多年没有见过他，你可能依然觉得自己有一些方面需要改变。纳迪娅记得，在学校时，她最好的朋友告诉她应该穿宽松的衣服来遮住腿，因为她的腿太瘦了。成年以后，直到一个朋友问她为什么总是把自己的身体遮盖起来时，她才意识到这件事情已经伴随她很多年了。

所以，想一想之前获得的信息，你是不是已经质疑并分辨它们是否正确了？童年的模式一直伴随着我们，当我们面对眼前事的时候，会发现自己又回到了那个根深蒂固的观念里：一定是我有什么问题。在成年人的世界里，可能是老板的批评，或者是与伴侣或朋友的争吵，都会让我们再次陷入"我觉得自己不够好"这个痛苦的泥潭。

记住，即使你表现得很差劲，或者做了什么不友善的事，也不能说明你是个可怕的人。我们都会犯错，你现在能做得最好的自我关爱就是原谅你自己，相信"我没什么问题"。

▪ 怎样和思想做朋友

你可能已经尝试过各种各样的方法来逃避"自己不够好"的感觉。人们总在寻找可以让痛苦和空虚消失的魔杖。也许你会选择购物、买醉、和你并不喜欢的人做爱（因为你想让他们喜欢你），或者你会去做塔罗牌占卜，希望一切会因为命运而改变，而不是因为你自己的行为。

有些人会去找不同的治疗师，买自助类书籍，去静修，去拜访大师和巫医，去节食或者斋戒，或者采取其他什么让自己感觉良好的方式。其实我们也这么做过！这些做法本身并没有错，但如果你总是从外界寻找答案，就很难听到内心的声音。

你永远无法摆脱自己厌恶的东西。但是，如果你发现自己的缺点是美丽的，并且可以和它们成为朋友，结果会如何呢？

这并不是说想要改变一些不适合你的行为模式是错误的做法，也不是说你不应该去寻找新的方法来成长。我们的意思是，因为觉得自己差劲而需要改变的这种自我关爱和因为像对自己所爱之人一样对待自己的自我关爱是不一样的。

想想你为什么要做瑜伽、冥想，为什么要锻炼身体或者改变饮食结构，实话实说，你是想解决问题吗？或者你能学着去发现优缺点并存的自己是完美的吗？不要用自我关爱去修正自己，而是要出于对自己的爱和尊重。

▪ 你喜欢自己什么?

列一份清单,写下自己三到五个优点。如果你觉得这样做很难,那么想想你爱的人,写下三到五个他们的优点。很简单吧? 现在,再想想你自己……

刚开始的几次你可能会觉得很棘手,但是之后会越来越容易。

下面举个例子供你参考:

* 我关心他人。

* 我喜欢逗别人开心。

* 我很忠诚。

现在,列出你的清单,看看感觉如何。

一旦你做到了这一点,就写下三到五件你做过的感到骄傲的事吧。

▪ 如何管理黑洞

总会有一些事情让你情绪激动。体验痛苦、孤独和恐惧是人类的天性,这些也是你的一部分。觉得自己不够好的感觉会时常出现,但是有一种方法可以让你感觉到自己已经足够好了。

而你需要做的是区分两件事情:到底是你真的做错了什么,还是有些事情出了问题,但是你并没有做错。

以下是这个做法的过程:

* 注意到你的消极情绪。乍一看，这一点似乎很奇怪，因为你是站在旁观者的角度去审视自己的生活。人类有所谓的消极偏见，也就是说，我们总是忽略好的东西而去关注坏的东西。如果你没注意到你的消极偏见和你对它的反应，就相当于你按下了"自己不够好"这个按钮。

* 下次当你对别人所说所做的情绪激动时，首先要注意。像这样清楚地告诉你自己："哦，又开始了。"然后看看自己的反应。

* 请注意：从这种感觉出现到它消失需要多长时间？一个小时？一天？一个星期？想想你消化不良情绪的常规做法：购物、吃东西或者和你爱的人发脾气。

* 与之前相反，接受这种感觉，它会很烂，令人感觉很糟糕，但是看着它，就像看一部烂片。然后注意它的变化，并意识到它不会持久。

这个过程确实需要大量的实践和努力，而且第一次做时可能无法成功。我们都必须不断地练习，不断地评估过程。我们必须学会把注意力集中在好的方面，而把坏的方面当作建设性的批评意见，这说明我们还有进步的空间。如果这样做很困难，何不去找一个自己爱的人，让他给你一些更有用的建议呢？

▪ 学会与你不喜欢的部分共处

想想你不喜欢自己的哪些品质。焦虑？孤独？偏执？这样做给人的感觉很奇怪，但是你确实需要和它们做朋友。完美并不会让人有吸引力，缺点和弱项才让你成为你。

凯蒂娅：我有"负担综合征"倾向。当我开始为客户准备晚宴，或者为咖啡店制作新菜谱的时候，我经常会想：这回大家都会发现我其实根本不会做饭。这种感觉非常强烈。压力带给了我不安全感，让我觉得自己是个骗子。当我发现很多成功女性也有这种感觉的时候，我觉得好多了。这说明我也可能会成功，对吧？

纳迪娅：当糟糕的事情发生时，我会非常难过，担心自己没办法改变它。但是一旦我接受了悲伤是我性格的一部分，并努力在这个过程中关爱自己，它就变得容易控制了。现在当这种感觉再次出现时，我会想，"见鬼，又来了"。然后我会适当地把它变得柔和一些，就像照顾悲伤的孩子时要让他们感到被爱和被照顾一样，让他们觉得有美好的事情要做，有人可以倾诉。

• 真正相信自己没有任何问题时会如何?

有些事情很奇妙。真正相信自己没有任何问题,你就会越来越喜欢自己,也就越能吸引人们的注意。你会由内而外地觉得舒服,这是一种非常有吸引力的品质。脆弱并不是弱点,我们都会有自己不喜欢的东西,当我们能够坦诚地面对自己的弱点时,就会意识到自己并不孤单。跟我重复一遍:我没有任何问题。

· 是时候爱你的身体了 ·

每一个消极的念头都会破坏思想和身体的关系。

——艾娜·梅伊·加斯金

我们不会指望你一夜之间爱上自己的身体。我们首先希望你做的是，在照镜子时注意自己对自己的看法。大多数人会立刻记住自己不喜欢的东西：我的屁股太大了，我看起来好老，我的鼻子不好看，为什么我的一只眼睛比另一只小？这就是大部分人脑海里循环的内容，我们还没有发现不讲这些陈词滥调的人。

困在这个习惯里不叫自我关爱，诚如你所知，这对你是非常不利的。当你和你最好的朋友站在镜子前时，你会看着她说出这些你对自己说的话吗？绝不可能！那样的话，她会哭，而且再也不想跟你说话了。那么为什么你认为可以这样对自己说呢？每当你在商店橱窗或汽车后视镜里看到自己的样子时，你就会给自己很负面的信息。

所以，站在镜子前，试着去改变剧本。一开始会觉得很奇怪，但要坚持下去。通过练习，你会开始对自己的身体更仁慈，也不再对自己那么挑剔。

* 你知道吗？在这个星球上，你是独一无二的。

* 你能看着你的眼睛，感谢它们为你看到的所有美好吗？

* 你那不可思议的鼻子，如此聪明地用它嗅到的气味和它的呼吸向
 你的大脑发出信号，并改变你的情绪。

* 你的嘴！它能表达，它能品尝，它能启发你的感觉。

* 你脸上所有的线条，都是你生活在这个星球上的记忆。

* 哦，还有你那疯狂的身体，独一无二的身形能带给你如此不可思
 议的快乐。受伤时它能自我愈合，不须你提醒，日夜为你呼吸，
 它让你遨游大海、登上高山、感受鱼水之欢、分享快乐。想想它
 每天为你做的事，甚至在你不去管它、你批评它或者希望它看起
 来像别人的身体时。

* 看看你的反应，你能仁慈一些而不去苛求吗？

▪ 给予自己更多的关注

你有没有注意到婴儿在索要每种东西时都会发出不同的哭声？可能一种哭声是表达她想要喝牛奶，另一种是表达她累了，再一种是表达她不舒服。如果你不理会这些哭声，她们就会哭得越来越大声，情绪越来越烦躁。如果你花时间和孩子在一起，你可能会通过反复试验，最终了解每一种哭声的含义。但是，你能辨别出自己的哭泣和含义吗？你注意过吗？

当你长大成人后，你不仅用哭泣表达饥饿、口渴或疲倦，还会用来表达情绪。比如你需要爱和安慰。我们有很多按钮被生活压制着，但是你能分辨你自己的哭泣吗？你能表达你的需求吗？还是你只会忽略它们？

我们必须像成年人一样懂得自控。还记得你上一次想哭的时候吗？如果是在工作中或者公共场合，你可能就必须克制自己，你不能像蹒跚学步的孩子一样号啕大哭，伸出双臂，期待着别人把你抱起来安慰。

你是否注意到自己没能按时吃饭的时候会变得烦躁易怒？如果你喝水喝得不够，你会不会感觉疲倦、懒散？如果喝了太多咖啡和茶，你会不会觉得心慌不安？

了解身体需求的方法是定期检查自身，在身体发怒之前，找出你所需要的。

■ 如何检查自身

今天试着做几次身体扫描。这种做法非常有力，用不了 30 秒，它就会给你非常明确的信息。你可能想将其变成一个固定习惯。

你需要做到以下几点：

静静地坐在地上，闭上眼睛，注意你的身体，感受你的呼吸。你感觉如何？你的能量够吗？你的姿势是什么样的？你是否在紧咬牙关？或者身体的其他部位紧绷着？你的心情怎么样？你有疼痛、不适或紧张的感觉吗？你的情绪怎么样？你想要糖、茶还是咖啡？不要评判，只须注意。

当你真正注意到自己的感受时，问问自己想要什么。你需要喝更多的水吗？你需要离开电脑，出去走几分钟吗？

如果你感觉到疼痛，那就是你身体发出的警告，不要忽视它，去看医生、理疗师或者整骨医生，疼痛是你的身体发出的信号以引起你的注意，在事情变得更糟以前，你要注意到这一点。

身体扫描会让你关注怎么做自己才能感觉好一点。很多自我关爱都是关于关注度的，通过练习，你会发现这样做很简单。

▪ 为自己的身心做点什么

我们坚信你的外表是内在感受的反应，当你感觉良好的时候，你的外表看起来会很迷人；同样，当你感觉糟糕的时候，你就会看起来面目可憎。

下次当你调整自己的身体状态时，无论是锻炼、休息还是按摩或者好好洗个澡，注意一下你之后的感觉。你会对自己更友善吗？你会用不同的眼光看待自己吗？你能更多地着眼于好的方面吗？

这一点很奇怪，但却很真实：你可能看起来没什么不同，黑眼圈、皱纹或者其他你想注意的东西依然存在，但你会以不同的方式来看待自己，你的视线会更加柔和，新的关注点给了你一个全新的视角。

这就是自我关爱的力量。这个过程会让你体验到难以置信的反馈，它也会改变你的想法，从而让你更想去照顾你自己。我们对自己外表的感觉会通过感受进行过滤。当感觉良好时，我们就会喜欢自己。那么，继续做那些让我们感觉良好的事吧。

▪ 按摩是必需品，不是奢侈品

人们认为按摩是一种奢侈的消费，是一种自我放纵和金钱的浪费。但是，按摩甚至自我按摩都是帮你和你的身体建立更好关系的一个神奇方式。

依我们来看，这可能是你给自己最好的生日礼物和关爱。也许这并不像买了一双新鞋那样能表现出你把钱花在了什么地方，但是请你把按摩作为对健康和幸福的一种投资。

如果无法负担按摩费用，你可以和朋友或者伴侣互相按摩。你无须成为一个能够治愈别人肩膀的专业的治疗师。你的孩子、你的朋友，都可以帮你做一次足底按摩。

你也可以自己做一次舒缓的胃部按摩。我们从塔尼亚·古德曼那里学到了一种"胃爱法"，这是一种十分舒缓的治疗肠道敏感和肠胃不适的方法，你可以穿着衣服来做按摩，也可以不穿，这取决于你自己。

热身：坐下或站立，首先用力揉搓手掌直至手掌温热，然后握紧双拳，用指关节上下揉搓大腿前部七次左右。

协调：右手掌平放于右肋下——这是肝脏的区域；左手掌放在右手上。拇指靠近右侧最下面一根肋骨，一根放在另外一根上面。这是第一个姿势。

慢慢地深呼吸，调整手的起伏。感受呼吸从小指位置上升到拇指位置。感受你双手下面的形状和感觉，让你的整个腹部在吸气的时候鼓起，呼气的时候收回。

避免用肌肉强迫腹部起伏。想象一下，让你的深呼吸从你的下腹部一直延伸到胸腔。

画圈：在你的腹部画两个圆圈，一个在肋骨以下、肚脐以上；另一个在肚脐下方到小腹之间。

上腹部按摩：用第一个姿势中的手势，用拇指按顺时针画三圈；然后仍沿用姿势一中的手势，从你的左肋骨下方，同样沿顺时针方向画三圈。

下腹部按摩：从右髋骨开始，沿右大腿中线方向轻抚至肚脐处（由右向左），一直到左髋骨处，再原路返回下腹部（由左向右），到右髋骨处结束，循环三次。

从膝盖到膝盖：**一只手放在另一只手上**，叠放到右膝上，沿着右腿用力向上按摩至右肋骨下部，然后按摩至左侧肋骨（从右向左），然后由左侧向下，经过左肋骨、左大腿直到左侧膝盖。

收尾：分开双手，右手放在右腿上，左手放在左腿上，掌心向下。闭上眼睛，双手放松，轻柔地吸气呼气三次。

·进食是一种强有力的自我关爱·

照顾好你的身体，这是你唯一的栖息地。

——吉米·罗恩

进食是一种非常简单的让你每天都能感到爱和关怀的方式。如果你想为自己做一件事的话，那就花点时间做一顿可口的饭菜滋养身体，让自己开心。

购物、准备和烹饪都是最有力的自爱和自我关爱的形式。凯蒂娅列出了她最喜欢的一些食谱，希望你也会喜欢。

你可能会想，我下班回到家最多吃一个牛油果吐司，谁有时间天天做饭啊？但我们向你保证，每周花点时间学习一种新的、简单的、营养丰富的食谱，在几个月的时间里，你将得到一份让自己感觉很棒的饮食清单。

比较一下自己用新鲜食材做的食物和匆匆忙忙买的食物吃起来的感觉有什么不同。

吃得好有助于保持精神健康。关注饮食是非常重要的，因为这不仅影响着你，也影响着你周围的人。不要想着仅仅通过吃一些简单的食物来填饱肚子，多想想通过食用会让你变得更好的食物来滋养和爱护你的身体。

▪ 给初学者的饮食计划

我们都喜欢一下班回到家就能从冰箱里拿出各种神奇的材料，组合成一顿令人难以置信的盛宴。然而现实往往不是这样，很多人必须先去购买食材把冰箱填满。但是，毫无计划地把事先准备的材料塞到冰箱里会导致大量的浪费。

明智的做法是做好膳食计划，这样，你既能获得美食，又避免了浪费。

如果你和纳迪娅一样，那么这种计划用餐的方式就不太适合你。你应该确保冰箱或橱柜里有足够的营养食材，这样你就可以随时随地用几种食材组合成一餐饭，而不费任何力气。

凯蒂娅是个伟大的计划者，以下是她的一周饮食计划：

1. 拿出你的记事本，看看你的日程安排。你晚上会出去吗？看看你这周可以用来做饭的时间吧。你都会为谁做饭？什么时候进餐？你会多做出一份作为第二天的午餐或晚餐吗？

2. 一旦你知道自己需要做多少顿饭，就提前写出一周的购物清单。如果很忙的话，在网上订购食材会很方便；但是，如果你的时间充足，或者你想在买之前挑选一下，那就带着清单去农贸市场或者你附近的蔬菜水果店和肉店吧。

3. 买了食物以后，想想你是否可以直接把它们加工好，以备你忙得不可开交时使用。你可以把藜麦或者鹰嘴豆煮熟，放在冰箱里冷冻，这样，你随时都可以把新鲜的食材或者切一些蔬菜放在你自制的鹰嘴豆泥里了。

▪ 凯蒂娅的储藏嗜好

人们可能会以为，因为我经营着一家健康食品咖啡馆，才主张限制你吃的东西。但是，老实说，我的理念是，对待任何东西，只要适度就好，你一定会在我家的厨房里发现乳制品、肉和面筋！

所以，与其限制饮食，为什么不考虑在购物篮里加入一些新食材呢？我相信，唯一真正的超级食物是那些让你感觉很棒的食物，你应该学会关注自己的身体，发现它对不同食物的反应。

为了引导你，我列出了一些快捷简单的食谱和一些我喜欢的食材，这些食谱对我和我的家人都很有帮助。我不是建议你马上去买这些东西，但是你不妨试试其中一部分。

螺旋藻粉：螺旋藻富含蛋白质和维生素，只要取一勺搅拌到奶昔里，就能给你真正的营养。当我的孩子们不喜欢吃绿色蔬菜时，我就会用螺旋藻粉来给他们做一杯冰沙。而且这种粉保质期很长，可以存放很长时间。

蜜蜂花粉：蜜蜂花粉被公认为一种营养全面的食物。是的，这种食材很贵，但是你不需要太多，只需要淋一点在冰沙、格兰诺拉麦片

或水果上即可。

可可豆：这种脆脆的生可可豆很苦，但是加在格兰诺拉麦片或饼干中，它就变成了美味的巧克力糖，无须额外加糖。

椰子油：非常适合烹饪时用，甚至可以用它来做保湿霜和发膜。

藜麦：大多数人都熟悉白藜麦，但我喜欢加一些红藜麦和黑藜麦，这样摆在盘子里会很精美。

奇亚籽：同样，这东西也很贵，但是它的保质期很长，而且遇水膨胀，所以你也不需要用太多，只须放一点在布丁和冰沙中增加质感。

杏仁奶：我的茶里有牛奶，但我也有一些非牛奶饮品。燕麦奶、杏仁奶和椰奶都很美味，因为盒装保质期长，所以它们是橱柜里很好的备用品。

冷冻香蕉：比起让香蕉变质发黑，我更喜欢把它们剥皮放在拉链袋里冷冻。然后你就可以在冷冻状态下把它切碎放到冰沙里，或者干脆把它们放在料理机里打碎，做成美味的香蕉冰激凌。

豆瓣菜：如果我强烈建议你在食谱里加一种东西的话，那就是更多的绿叶蔬菜。豆瓣菜刚好是我最喜欢的，你尝试的种类越丰富越好。

芝麻酱：自制鹰嘴豆泥的主要原料，我也喜欢用它来调味或滴在烤过的蔬菜上面。

烟熏辣椒粉：这种烟熏味、略带辣味的辣椒粉可以让所有开胃菜更加美味——可以放在鹰嘴豆泥、煮熟的蔬菜和沙拉酱里品尝。

杏仁酥油：用途很多，可以和香蕉切片、少量肉桂和蜂蜜一起放在冰沙、沙拉酱或者烤面包上食用。

喜马拉雅天然岩盐：这是我经常使用的盐。它比普通盐贵，但我喜欢它，因为它没有被过度加工，富含矿物质。当然也因为它是粉红色的，很漂亮！

■ 吃让你感觉好的食物

自我关爱在饮食方面是什么态度？就是吃你想吃的东西。这并不意味着你可以随意吃任何东西，而是吃此时此刻你的身体需要的食物。这是检查你的所想和所需的好时机，我们已经在前言中讨论过这个问题。你的身体可能想一下子吃完一整袋饼干，但那真的是它需要的吗？

试着在吃东西时保持冷静，不要太过苛刻，也不要让自己在吃什么这个问题上纠结太长时间。

当我们和大多数客户聊天时，他们经常会跟我们说："哦，我得戒掉糖，或者不再喝咖啡，不再吃巧克力和小麦。"我们绝对相信积极的饮食态度并不意味着限制进食。除非健康状况不允许，否则吃得好并不一定意味着无麸质、无糖、无乳制品或者"净食"。我们见过一群痴迷于健康的人，我们也曾是这样的人，但是我们从经验中得知，重要的不是你吃什么，而是你怎么吃。你是在一个充满爱和呵护的地方吃吗？还是出于惩罚或者其他不同的想法去吃东西？

留意你正在吃的东西以及它是如何滋养你的身体和灵魂的，是用食物进行自我关爱的一个好的开始。注意当你吃了不同的食物后身体的感觉，某些食物可能会引起身体的反应。关注你的能量水平，糖和咖啡因会快速提供能量，但是之后你会崩溃吗？当你吃了大量的食物，比如汉堡，你会不会觉得很累？那是因为你的身体需要能量来消化食物，所以它需要你慢下来。如果你有一段安静的午后时光，那么慢下来是可以的，但是，如果你很忙的话，那就不妙了。你想怎样呢？

你对食物的反应对你来说是很私人的，所以很值得你去处理。当你不断地倾听自己的身体时，它就会给你你需要的信号。

▪ 要吃得谨慎

如果你在沮丧、备感压力或无聊的时候吃东西，尤其是在悲伤或内疚等不舒服的情况下进食，那么你就很难获得营养。因为在这种情况下，你不但可能不健康地进食，也不太可能细嚼慢咽，所以食物就会很难消化，你会感觉比以前更加糟糕。另一种无意识的进食是边看电视边吃东西，或者在走路或开车时快速进食。如果你想学会品味食物并让消化系统正常工作，那么就要多问自己以下的问题：

* 我在何时何地无意识地进食了？

* 当我无意识进食的时候，我是什么感觉？

当你发现自己有这种问题的时候，予以关注，停下来，做几次深呼吸，然后问自己：

* 我还要继续吃吗？我吃饱了吗？

当你吃下一口时，花点时间和精力去注意食物的味道和口感。品味、享受和咀嚼食物，让你的身体在你饱了的时候提醒你。当你开始养成注意无意识进食的习惯时，就已经开始养成有意识进食的习惯了。

■ 为了自我关爱而吃

了解自己的饮食需求是最重要的，下面是一些指导方针，可以帮助你确保自己正在照顾自己的身体并正确地滋养它。

* 每餐都要准备和烹饪尽可能多的不同的蔬菜，对孩子们来说特别有好处。如果你的家人喜欢吃肉，那么每周至少要安排两顿素食。

* 尽可能经常从零开始做饭，这样你就会知道自己到底吃了些什么，不会有任何遗漏。

* 减少食物的加工程序和含糖食物的摄入量。这并不意味着你要禁止你的孩子（或者你）吃薯片和糖果。但如果你不买这些东西的话，橱柜里就不会有这些让他们无意识去吃的零食了。

* 如果可以的话，可以购买散养和有机的肉类和奶制品。我们喜欢从当地农贸市场买水果和蔬菜。这样花费可能有点多，但你可以把它看成对健康的一种投资，也是对当地社区的一种支持。如果这不是你的选择，你也不要觉得自己失败，只是因为你还没有享受过某种理想化的自己而已——那个挎着柳条篮子在农场里翩翩起舞的你。尽你所能，这只是一个步骤而已，不需要尽善尽美。

* 要知道糖就是糖，无论它是在蜂蜜里，还是在枫糖、米浆、麦芽糖、椰子糖里。比起白砂糖，我们更倾向于用非精炼的黑砂糖来烹饪，它含有一些额外的营养，如铁、钾和镁，但这也不足以让其成为一种健康食品。

* 腾出时间来吃饭。我们中的很多人经常急急忙忙地随手抓个三明治吃，或者在每天晚些时候才发现自己没吃午餐，这不叫自我关爱，这是生活在战斗和逃亡中，让你的肾上腺素飙升，并且会给你的消化系统带来巨大的压力。

▪ 让用餐时间变得神圣

无论是自己用餐还是和他人一起用餐，都要让你的用餐时间变得神圣。如果你经常在看电视、看书或者盯着手机屏幕的时候吃饭，这些规则可能看起来完全陌生，但你还是试一试吧。

如果你有家庭，改变饮食方式可能会引起孩子们的激烈反抗，我们建议你先试着从每周吃一顿开始，在最放松的时刻与家人围坐在一起——可能是周五的晚餐或者周日的午餐。

如果你独自生活，那就试着定期和你最亲密的、最像家人的朋友一起吃顿晚餐，或者你们轮流做饭，这样你就不会总是一个人吃东西了。

记住，用餐时间不仅要吃，还应该充满乐趣。

* 餐桌是享受美食的地方。用餐时间是你们可以团聚的时间，所以要把它当作一个特殊的时间段。餐桌不是训斥孩子（或大人）的地方，也不是讨论复杂话题的地方。

* 餐桌上不应该摆放电子设备，当然也不该有任何书籍和报纸（早餐时间除外）。

* 如果条件允许，要吃自己家做的饭菜。当然饭菜可以由家里的任何人来做，无论老幼。

* 把食物做得精美，不管你是喜欢把它放在桌子中央的碗里分享，还是直接放在自己的盘子里。

* 摆好餐桌，这是一个充满乐趣的创意过程。

* 聊你一天或者一周的经历，让其他人也这样做。

* 加入一些餐桌上的仪式：可以是感恩食物，或者是举杯祝酒，因
  人而异。

* 每周一次，围坐在餐桌旁，让每个人都有机会表达他们对过去一
  周的感激之情。

* 腾出时间吃一顿轻松的饭，提醒孩子们不要狼吞虎咽，要细嚼慢咽。

* 开门迎客——可以是独居者或者不和家人住在一起的人。请人吃
  饭总是好的，做他们喜欢的饭菜，让他们感觉到自己受欢迎。

▪ 独自进餐时的自我关爱

如果是独自一人吃饭，你可能觉得没必要太过重视，但是你可以把任何一餐都变成自我关爱的时刻，这将有助于你欣赏这段经历并欣赏你自己，像对待客人一样对待自己。

* 放一些音乐，便准备食材和烹饪变成一个享受和有趣的过程。哪怕你只是简单地做份沙拉，也要精心地装扮它。如果你只吃烤面包的话，就在上面加一些切碎的香草或者一点沙拉。想象着你把这道特别的菜送给一个你爱的人。

* 把做好的食物放在精美的盘子里，给它们摆个漂亮的造型。不一定值得在 Instagram 上晒（不是你吃的所有东西都需要拍照），但是它确实需要看起来很诱人。当你开始因自己为自己做的精美一餐而感到骄傲的时候，你就会有动力经常为自己准备食物。

* 我们自己吃饭的时候，经常是在厨房的柜台上狼吞虎咽，而不是很好地照顾自己。试着在餐桌上吃东西，细嚼慢咽，让你的消化系统最大限度地吸收每一点好处。我们知道，有时候安静地坐下来吃饭并不容易，但是，如果你学会有规律地管理饮食，它就会成为一种好习惯。如果你想在吃饭的时候看电视或电影，那就看吧，但是最好不要看紧张和暴力的片子。

甜菜根巧克力蛋糕

这是一种非常令人满意的温润的巧克力蛋糕，上面有富含铁的甜菜根泥。这种蛋糕在咖啡厅里很受欢迎，我们用它自己的个性来给它命名为"铁娘子"。

配料（8人份）

200 克黄油

200 克黑巧克力（含70%可可粉），打成块

250 克真空包装的熟甜菜根（不含醋）

5 个鸡蛋

250 克椰子糖或轻黑砂糖

1 茶匙泡打粉（我用的是无麸质泡打粉）

1/4 茶匙香草精

240 克研磨杏仁粉

一小撮盐

干玫瑰花瓣（装饰品，可选）

将烤箱预热至190摄氏度，直径20厘米的蛋糕模放好，烘焙纸备用。

将黄油和巧克力放入碗中隔水熔化，确保碗底不沾水。熔化后，取出并自然冷却。

用食物搅拌机把甜菜根打成泥，然后将鸡蛋、糖、泡打粉和香草加入碗中，加入冷却的巧克力黄油混合物，搅拌至所有食材完全融合。最后加入杏仁粉、盐，简单搅拌至融合。

把面糊倒入准备好的蛋糕模里，放烤箱烤制 35~45 分钟。当从烤箱拿出来后，蛋糕不会摇晃，代表蛋糕烤制完成。

不要纠结蛋糕表面的裂纹，这是正常现象！

为了美观，可以撒上少许干玫瑰花瓣。

豆瓣菜蒜酱

我喜欢这道菜，因为它超级健康美味，不仅仅可以配意大利面吃，也可以配西葫芦或螺旋地瓜片，或者抹在吐司、半烤冬南瓜上食用。

先将豆瓣菜放入搅拌机，使其更易混合，然后加入其他配料，继续搅拌，如果有必要的话，可以多加一点油进去。我喜欢蒜酱更有质感和脆脆的感觉。制作完成后可以马上食用，也可以放入密封罐，在冰箱冷藏三天后食用。

配料（4 人份）

豆瓣菜约 100 克

100 克葵花籽

80 克帕尔马干酪，磨碎

半把罗勒叶（约 10 克）

3 汤匙辣椒油（如果没有辣椒油，可以放 1/4 个鲜红椒）

1 个半柠檬，榨汁

1/4 茶匙盐

1 瓣蒜，简单切碎

少量黑胡椒

三文鱼串配希腊式米饭和酸奶酱

这是你度过漫长的一天后可以做的一顿超级简单的午餐或者晚餐。告诉卖鱼的，你要做三文鱼串，因为如果鱼块切得太小的话，在烹饪的过程中就会脱落。如果用超市买回的三文鱼，就先用锋利的刀去皮后切块。

首先，将柠檬汁、橄榄油和大蒜末放入一个浅碗里，加入其余烤肉配料，加入盐和胡椒粉调味，放入冰箱腌制 30 分钟。

在腌制三文鱼的过程中，处理米饭。往平底锅中放入黄油和橄榄油，开小火，低温煎洋葱 10～15 分钟，直至洋葱变软。加入大米，翻炒 5 分钟左右，确保每粒米都均匀沾油，不要让米粘在锅底。

加入汤料，盖上锅盖煮沸。开锅后，去盖，改小火，炖大约 20 分钟（取决于大米的种类，所以要留意），直到

配料（4 串）

1 个柠檬，榨汁

1 汤匙橄榄油

2 瓣大蒜，切碎

16 块三文鱼块

1 个西葫芦，中间分开，然后切成月牙片

12 个樱桃番茄

1/2 个洋葱，切成 3 份

100 克原味酸奶，装饰用

水基本蒸发完。然后关火，盖上锅盖，焖 15 分钟。

加热烤架，将锡纸放到烤盘上备用。将腌制好的肉串好，腌制料勿扔，留下之后放在酸奶里。我喜欢每串放四块三文鱼、四片西葫芦片、两个樱桃番茄和三片洋葱。

将烤盘置于烤架上，由于三文鱼在腌制过程中已经基本可食了，因此烤制过程只是简单地把蔬菜烤熟的过程，也可以把蔬菜烤得焦一些。把烤盘放在烤架上烤 10 分钟，其间翻面两到三次，让它们受热均匀。把剩下的腌料加热至沸腾，加到酸奶里。肉串烤好后，把欧芹末和柠檬汁放入米饭中搅拌。将米饭盛出装盘，在上面放一串烤肉串，酸奶酱可以依个人口味自行添加。

希腊式米饭配料

1 汤匙黄油

1 汤匙橄榄油

1/2 个洋葱，切碎

200 克大米（我用的是易熟糙米）

500 毫升鸡汤或蔬菜汤

少量欧芹，切碎

1 汤匙柠檬汁

4 根木串用水浸泡

烤地瓜条荷包蛋

这盘菜看起来就像金色的太阳一样漂亮，非常美味而且制作相当简单，作为早餐、午餐或者晚餐都非常好。这道菜很完美，当然，如果你需要绿色来点缀的话，可以在旁边放点熟菠菜或嫩西蓝花。如果煮荷包蛋的过程让你害怕，你可以买个煮蛋锅，或者索性选择做煎荷包蛋。

将烤箱预热至 190 摄氏度。把地瓜条放在烤盘上，撒上盐、黑胡椒、烟熏辣椒粉和橄榄油，揉搓至每个地瓜条都沾上调料，将烤盘放入烤箱烤约 30 分钟，直至地瓜条变软，变成金黄色。

在地瓜条烤制结束前 10 分钟处理鸡蛋。煮蛋锅内把水烧开，锅内加少许黄油或橄榄油，将鸡蛋打入锅中，煮约 3 分半钟，至蛋清发白、凝固，蛋黄仍呈半液体状态。取两个盘子，分别在盘子中央放好地瓜条，把荷包

配料（2 人份）

1 个大地瓜（500～600 克），
对半切开，然后切条
盐少许
少量黑胡椒
少量烟熏辣椒粉
橄榄油（煎 2 个鸡蛋的量）

配料（约 200 毫升）

60 毫升水

60 毫升橄榄油

拇指大小的姜片，去皮，
大致切碎

1 瓣大蒜，去皮，大致切碎

1/2 只尖辣椒，去籽，大致
切碎

2 汤匙白味噌

半把罗勒叶（约 25 克）

1 茶匙枫糖浆

1 个酸橙，榨汁

蛋放在上面，淋上橄榄油，撒少许盐
和胡椒粉，开始享用吧。

野生绿色调味酱

我们试过用其他种类的酱来做，
但是都太咸了。所以，在咖啡厅里我
们一直用甜白味噌，这款酱配沙拉、
藜麦和所有蔬菜食用都非常不错。

将所有配料放入搅拌机，搅拌均
匀。制作完成后可以马上食用，也
可以放入密封罐，在冰箱冷藏四天
后食用。

· 建立你的资源库 ·

你必须心甘情愿地获得快乐。

——安迪 · 沃霍尔

　　把你的自我关爱想成一个储蓄账户，当我们想要存钱的时候，需要每个月都存一小笔钱以备困难的日子和紧急情况用。同理，定期做一点自我关爱，结果也会叠加。

　　当你有大量的时间和精力时，就是充实你身体银行账户的大好机会，还可以通过做一些对自身有利的事情来提高利率。把好的东西存入你的自我关爱银行，就是建立资源库，这样，当生活让你感觉无法坚持的时候——无论是压力、疲惫或者更糟糕的情况袭来时，你都可以在自我储蓄的资源库中找到可用的部分来抵抗。

　　想想你过去的 30 分钟都干了什么，是在网上购物，买一堆你不需要的东西，还是在浏览 Instagram？这些都不能给你的自我关爱账户增加什么。如果无论在哪儿都会陷入绝望主妇的循环，那么你就进入了自我关爱的危险地带。但是如果你这 30 分钟是用来观看一场演出，你一定会爱上这个让你微笑、大笑或哭泣的过程，现在，你离自我关爱也就越来越近了。

　　如果能做一些让你感觉更好、更深刻的事情，当然会更好。通过与人接触、发挥创造力、学习新事物或帮助有需要的人来照顾自己，是真正意义上的积累资源。这是由内而外地填充你的身体、灵魂和你的自我关爱账户的方式。

　　那么，自我关爱是如何在现实生活中发挥作用的呢？也许在某个周五的晚上，经过一个星期的辛苦工作，你已经疲惫不堪，但还是要去参加一个朋友的生日聚会。你知道自己的出席对他们来说意义重大。

　　也许，按平常的习惯，你工作后马上开始喝酒，好让自己有精力度过夜晚。何不换种方式，提前规划一下时间，让自己小睡20分钟，或者可以晚一点去参加聚会？如果你不能打个盹儿，那就好好地泡个澡。如果泡澡也不行，那就躺5分钟。你真正需要做的是，在承诺的间隙让自己休息，给自己充电。

■ 你的资源库清单上有什么？

　　为了让自己的自我关爱资源库保持盈余状态，想一想什么能让你感觉良好、什么对你有用，然后列出让你感到轻松、满足、精力充沛或感觉自己是最好的自己的行动清单。以下是对我们有用的一些例子：

* 晚上 10:30 上床睡觉（好吧，11 点！）。大多数夜晚，早点在同一时间上床睡觉可以让你获得最好的睡眠。

* 每周腾出一些时间和工作之外你感觉最轻松、最放松、最积极的朋友交际，这样你就可以完全做你自己了。

* 动起来。找一个你真正喜欢的体育锻炼项目，这样你就不会觉得自己是被强迫的了。

* 打个盹儿。如果你一天中可以做到这一点，你就是赢家。把你的手机调成飞行模式，拿出你最柔软的毯子，在沙发上蜷缩 20 分钟（或者更长时间，如果你运气好的话）。

* 用放松精油洗一个长时间的澡，选择玫瑰精油或乳香精油这种奢侈品，薰衣草精油用来放松，佛手柑或柑橘精油用来提升你的状态。

* 活在当下。如果你的想法不断地趋向你第二天、下周或者下个月要做的事情，你就会过度劳累。

* 不要感情用事。那样你会精神疲惫，因为你总在想："为什么他

们要这么说？""为什么他们要那么做？"你要知道，每个人做任何事都是出于自己的生活需要，你可能永远也找不到他人那样做的理由，而他人所做的可能也与你毫无关系。

* 做一些难度大的事情，让自己感到骄傲。当你第一次做一件事的时候，一切都是令人可怕的，无论是生孩子、创业还是在大庭广众之下发言。如果你觉得有些事情是个挑战，那就想想 20 世纪 80 年代经典自助书籍的标题——感受恐惧，放手去做。如果你搞定了，你会觉得很爽；如果你失败了，至少你努力尝试过了。

▪ 记录你的自我关爱

把你的自我关爱放在首位，写在你的日记或者计划里。你不必一天记一件事（尽管这样很理想），选择三到四件可以在一周内做的事情即可。

与其费力去回避你不想做的事情，不如培养新的有爱的习惯来增加美好的事。可以像一次早睡或者 5 分钟的冥想那样简单。每个人都有 5 分钟的时间，这是个很好的开始。

你做的感觉良好的事情越多，自然会感觉越好，这是一种良性循环。

▪ 5分钟自我关爱

如果你有幸有超过5分钟的时间，当然可以利用更长的时间做以下这些练习。定好闹钟，然后全情投入，尽管刚开始的时候你会感觉有点傻。

* 动起来。站立状态，稍微屈膝，然后伸直，双脚不要离地。双臂举过头顶，抖动手腕，其间始终保持做屈膝动作。抖动右手腕，然后抖动右臂；抖动左手腕，然后是整条左臂；抖动右脚踝，然后是右腿；抖动左脚踝，然后是整条左腿。然后开始全身抖动。

* 随着你喜欢的旋律舞动。闭上眼睛开始吧，希望没人看！即使看见了，又能怎么样？

* 试试平静地呼吸。吸气四次，呼气四次；吸气四次，然后把呼气增加到六次；然后吸气四次，呼气八次。

* 坐下来。坐在椅子上放松身体，让你的身体真正地休息，闭上眼睛，留意你身体紧张的部位，看看你是否能够感受到它们并让它们放松。

* 试试刷皮肤。这能增强淋巴系统的活力，从而增强你的免疫力。早上洗澡之前做这件事。你需要一种特制的皮肤刷，一般在药店里都能买到。用圆周运动来刷你的身体，一直刷到心脏位置。如果没有皮肤刷，可以用手指尖来代替。用指尖用力按你的腿、手臂和身体，一直到心脏位置。

* 读几页鼓舞人心的书。把一堆书放在你的床头柜上、你最喜欢的椅子上、书桌上。这样你就可以在需要鼓舞的时候拿起一本，只需要读一段或几页就可以了。这些应该都是让你感到快乐，与职责、工作或者为人父母无关的书。

* 走进大自然。哪怕是在高楼中间的一小块草坪上，抬头仰望天空，做几次深呼吸。

* 做 5 分钟简单的冥想。安静地坐着，把注意力放在你的呼吸上，当你的思绪开始游荡时，重新把注意力拉回到呼吸上。看看你之后的平静和专注，这就是美丽的冥想习惯的开始。

* 在黑暗中休息。无论需要多长时间，都要定好闹钟，躺在床上，拉上窗帘，戴上眼罩，挡住所有的光线，开始休息。

* 快速冲个澡。在浴室地板上滴几滴你喜欢的精油，这样淋上热水后，香味就会环绕在你周围。薄荷精油有提神醒脑的作用。

▪ 怎样养成好习惯

我们都想养成良好的习惯，这些习惯会为我们服务并毫不费力地照顾我们。你根本不需要强迫自己每天早上刷牙，因为这是一种习惯，你不需要思考就能做到。我们自动去做的好习惯越多，就会感觉越好。昆达利尼瑜伽的传统理论相信，可以通过每天做一些事来治疗你的习惯。

该理论认为：

连续 40 天，你可以改掉一个坏习惯。

连续 90 天，你可以建立一个新习惯。

连续 120 天，你可以养成这个新习惯。

连续 1000 天，你可以掌握这个新习惯。

以下是运用这些知识的方法：首先，选择你的新习惯或自我关爱方式。比如每天做一点瑜伽、冥想或者晚上早点关掉手机。

无论你最终选择什么，在一张纸上做个日程表，给自己 40 天、90 天甚至 120 天时间，每一天用一个方格来表示。

每天完成这个习惯时，就在小方格里做个标记。

40 天后看看自己的感受，做下记录，然后坚持下去，看看 90 天后感受会有什么不同，以此类推。

很快你会发现美好的东西越来越多，你也会注意到好的感觉和不好的感觉的不同。

不需要强迫自己改变，一旦开始关注它，你就会发现改变是自然发生的。

纳迪娅：多年来，我一直都非常努力地去戒烟。和朋友一起或聚会的时候抽烟，是我最后一个恶习。在聚会前，我提醒自己：我不能抽烟，我怎么能抽烟呢？我是个瑜伽老师啊！

拜托！瑜伽老师是不抽烟的！我知道自己并不是真正享受那种味道，而且抽完以后就后悔，但还是会抽，因为我觉得抽烟很好玩、很酷。

于是我放弃了戒烟，相反，开始去关注香烟的味道，关注抽完烟后身体的感觉，关注第二天皮肤的状况。

有了这个新视角，当我再次抽完烟后，我会以一个旁观者的角度看自己，然后想着它在我的身体里做了什么。这些画面都令人恶心。我意识到自己再也不能抽烟了。现在，我已经有三年都不想抽烟了。我做到了。

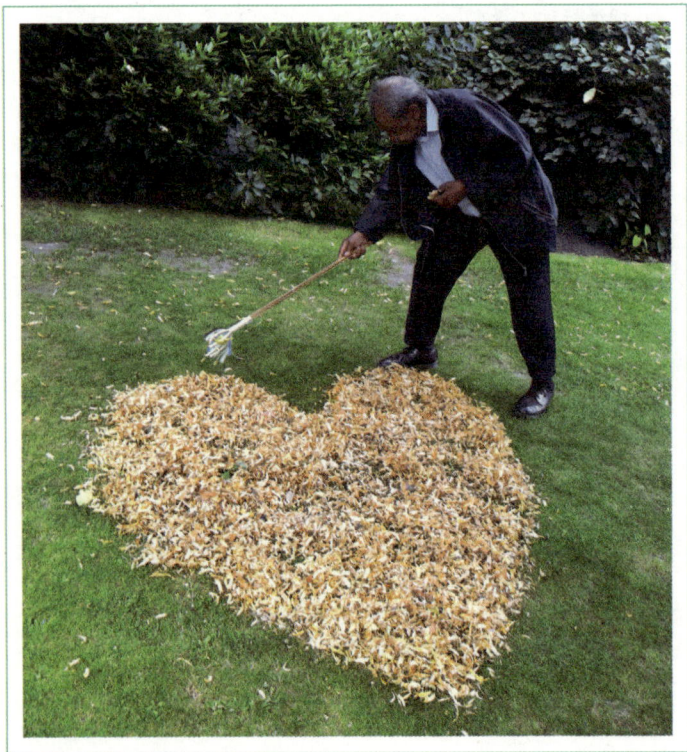

·如何在生命里种下更多的爱·

＊审视自己。注意自己的感受。如果可以的话，每天多做几次。

＊问问自己：对你来说什么是爱？不光是浪漫的爱情，还有对他人

　的爱、对地球的爱、对自己的爱。

＊什么时候你觉得自己不适应爱的感觉了？

＊现在做什么能让你在生活中感受到更多的爱？

＊问问自己：此时此刻，你想要的爱和关心是什么？

＊今天就做一些爱自己的事吧。

HOPE

给生活带来更多希望

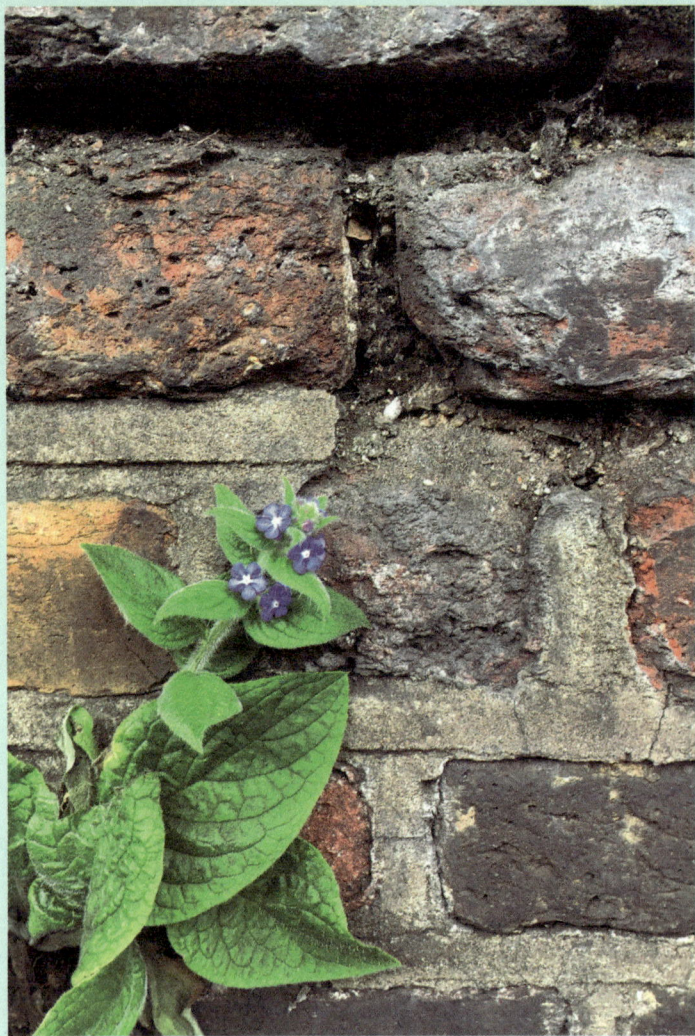

也许我一直在忙着寻找那些碎片，却没发现自己已经完整了。

——克利奥·韦德

当生活一帆风顺的时候，你很容易充满希望和快乐，但是，没有多少积极的想法或者自我关爱，就不能在你感觉事情很糟糕的时刻拯救你。

当你面对这些时刻时，无论大小，都提醒自己：困难并不意味着你失败了，它只是意味着你是人。

事实上，任何人的生活都不可能是完美的，即使是你在 Instagram 上关注的那些看起来拥有完美生活的人。你的生活不需要是完美的，只要你爱你自己的生活就好。一旦明白这一点，你就不会再等待那些不太可能实现的东西，而是继续享受你现在拥有的生活。

我们希望本章能帮你发现自己的潜力，去成长和改变，成为更好的自己。这难道不值得期待吗？

· 攀比是偷走快乐的小偷 ·

攀比是偷走快乐的小偷。

——西奥多·罗斯福

　　与别人做比较是一种正常的人类行为。当你自我感觉良好时，它甚至能激励你在自己的生活中做出巨大的改变。但一般来说，更健康的方式是坚持走自己的路，而不是不停地环顾四周。在社交媒体上，比较会被放大百万倍，太多的这类比较会蚕食你的自我价值感。社交媒体当然也有好的一面——它是一种与人和观念保持联系的媒介，它可以提醒并启发你，但是你需要谨慎地对待它。

　　也许你有一种习惯：早上起床先上网，甚至没起床就开始上网，或者你可能在周日晚上连续上网好几个小时，看看其他人的生活，看看别人的周末。她是做什么的？他在哪里？为什么我没被邀请？

　　请记住，你在网上看到的是别人编辑过的精彩内容。你是将他们精心策划的照片和文字与你复杂、美好、混乱的现实生活做比较。我们深知这一点，但是没办法控制自己不去浏览别人的信息，并做出他们拥有的比我们多、他们的生活很完美这类判断。

　　在浏览一阵 Instagram 或 Facebook 之后，思考一下你的感受。

受到启发了吗？愉快吗？对自己的生活满意吗？试着意识到上网时间是怎样影响你的情绪的。一些治疗师甚至认为上网时间过长是一种自我伤害。

■ 事情的真相

　　你永远不知道别人的故事。人们外表看起来发生了很多事，但是内心很痛苦。即使是那些看起来事业有成的人，他们住着大房子，家庭和睦有爱，他们拥有所有自己想要的东西，但是他们也会有怅然若失的感觉。每个人都在以某种方式寻找生活的意义和目标，即使在周围人看来似乎并不是这样。

　　在社交媒体上，看着某个人的外在形象，你根本不知道他在遭遇什么状况。你是在把他们的外在和你的内心做比较。你不知道他们的孩子会不会在那张可爱的照片拍完后发脾气；或者一个瑜伽师看起来可以毫不费力地做出一些不可思议的动作，是因为她是一个从三岁就开始训练的职业舞者。

　　你不知道他们要拍数量多么庞大的照片才能得到那张发表在Instagram上完美自然的街拍，或者他们在精心设计这些的时候错过了生活中的多少美好。

　　但是，我们往往在旅行时或坐在家里时，在这种安静的时刻，会因为这些照片而认为自己不够好：不够有才华、不够漂亮、不够富有、不够受欢迎、不够快乐。而当自己的生活忙碌而充实时，我们就没时间去"钻网络的兔子洞"了。

　　在现实生活中也会有比较。你早上刚刚对你的孩子大喊大叫并想把他们赶出家门，到了学校，你看到完美的妈妈正在和她的孩子们开

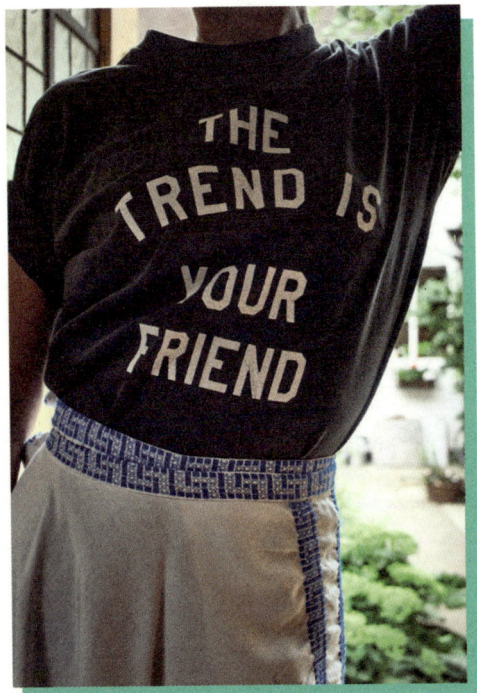

　　心地说笑，你开始讨厌和审判自己，认为自己是个糟糕的母亲。或者你最好的朋友告诉你一个她的好消息：她又怀孕了！然后你很伤心，因为你甚至都没有谈过恋爱。

　　当你和一个人面对面的时候，你至少能知道这个人的经历，并有可能知道他真实的故事。而在社交媒体上，你无法看到照片背后的真相，它全天候在那里，你甚至都不认识照片里的人。

纳迪娅：有一次，我的一个朋友在 Instagram 上对我的一张照片发表了评论，照片里我穿着一件很棒的衣服参加朋友的聚会。她觉得自己有点脆弱，觉得我过得很好，我的整个生活都很精彩。但事实上那天我过得并不开心，晚上 10 点半就上床睡觉了！

▪ 社交媒体上的自我关爱

* 仔细选择你关注的人，远离那些引起你不安全感的帖子和人。你能去关注你的挚友和那些有正能量的人吗？

* 不要把浏览社交媒体当成头等大事，也不要在晚上 8 点以后看，夜晚是一个脆弱的时刻，你的负面情绪会被放大。让自己休息一下。

* 如果你情绪低落，一定要少看社交媒体，否则就像难过的时候喝酒一样，是很不明智的。

* 在看他们的社交媒体前，先确定你对他们的感觉。在和好之前不要去看前任的社交媒体，也不要去看那些和你闹翻的人或已经不再是朋友的人的东西。因为那样你会自己给自己讲故事——她有个完美的孩子，他有一个漂亮的比我年轻的新女友——这不是他们告诉你的，是你通过他们展现的东西臆想出来的。

* 对自己的帖子负责，发一些激励人和别人感兴趣的内容，不要为了给别人留下印象或者为了证明自己、表明看法而去发帖子。

* 适度让手机休息。

* 关闭消息通知，这样你就能按照自己的方式来使用社交媒体了，
而不是被它轰炸。

* 吃饭时不要看手机——你早就知道，对吧？

* 关注者不是朋友，不要将二者混淆。

凯蒂娅：自从我养了狗——"蝙蝠侠"以后，我每天都
要出去散步一个小时，刻意把手机放在家里。这样我就能享
受当下，而不是记录当下了。这让我能够了解自己的感受，
也是创意迸发的时机。当我感到压力或愤怒时，那段独处的
时间给了我空间去回应，而不是去反抗，可以让我在不得不
与人打交道之前冷静下来。

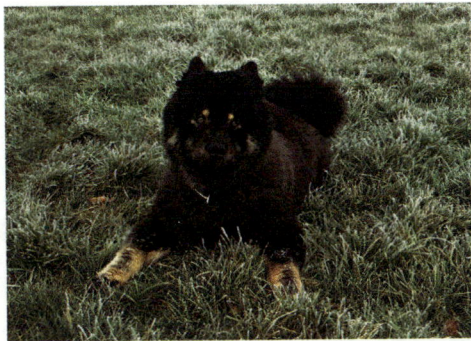

泡水喝

以下是我喜欢的几种喝水方式，执行起来非常简单。喝之前最好浸泡 30 分钟。做完后，放入冰箱并在 12 小时内喝完。

倒一壶过滤后的水，然后加入下列中的任何一组搭配：

柠檬片 + 酸橙片 + 薄荷叶 = 增加维生素

黄瓜条 + 薄荷叶 + 西瓜片 = 恢复体力

橙片 + 西柚片 + 迷迭香枝 + 肉桂条 = 温补

草莓片 + 薄荷叶 + 玫瑰水 = 改善情绪

菠萝片 + 酸橙 + 薄荷 = 促进消化

柠檬 + 姜 = 净化身体

水晶水

花蜜咖啡馆的水晶水是迈克尔·伊斯特根据《草本志》为我们设计出来的。设计理念是，水由水晶提供能量，呈现出健康水晶的振动和特性。你可以用瓶装水来做，加入最能引起你共鸣的水晶。

如果你相信水晶的力量，你就会被水晶水深深吸引。就算你不想尝试，我也建议你在下次有客人过来吃饭时，在水壶里放一些水晶，看起来会非常漂亮。

以下是一些可用的水晶和它们的治愈功能：

黄水晶——表现丰富（加一滴橙花水）

紫水晶——提升平静和幸福感（加一滴薰衣草香的水）

粉水晶——无条件的爱（加一滴玫瑰水）

- ## 感恩：攀比的解药

作为人，你可以选择专注于你所拥有的，而不是你没有的。感恩，细数恩典、感谢你所拥有的经历，会让你学会对所拥有的一切感到快乐。通过有意识地思考你所感激的事情，或者写下它们，会对你的大脑产生明显而持久的影响。研究表明，积极地练习感恩可以帮你睡得更好，减轻你的压力，而且这种效果会持续很长时间。

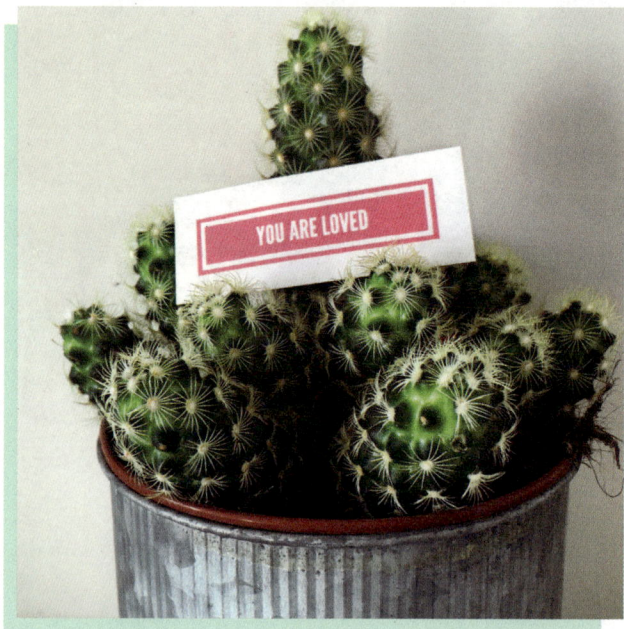

▪ 如何在生活中培养感恩之心

* 最简单的方法就是，当你躺在床上，醒着或者正在入睡的过程中，想三件你要感激的事。晚上做这件事可以帮你入睡；早上做这件事会让你积极地面对新的一天。

* 每天在日记里写三件感激的事情。是的，我们知道，这听起来很老套，当然你也可以像我们上面建议的那样在脑子里想，但是，把这些感恩的事情写下来的重要之处在于，当你感到困难时可以重新拿出来读一遍。

* 给某人写一封感谢信。如今所有东西都电子化了，所以一张真正手写的卡片或通过邮局寄来的信件会非常特别。

* 认认真真地对某人说声谢谢。当人们花时间告诉我们他们非常喜欢花蜜咖啡馆的食物时，我们都会感觉非常棒。

* 给别人好的反馈。这在社交媒体上尤其适用，可以战胜因攀比产生的负面情绪。

* 与朋友或家人围坐在餐桌前，谈论当天或本周发生的好事。用每天晚上或者只是每个周末的午餐，作为一顿感恩大餐。

* 记下你所感激的事情并把它们集中起来。把它们写在彩色的字条上，放在一个玻璃罐子里让你可以看到它们。如果你有孩子，这种方式可以帮他们识别好的感觉、糟糕的感觉和他们感激的东西。你也可以反其道而行之：有些人喜欢写下当天发生的糟糕的事情，然后在睡前把它扔进垃圾箱或者烧掉，以此来清理他们的思绪。

■ 解决资金难题

对很多人来说，围绕金钱进行自我关爱是很困难的。我们很难不被对自己的财务管理和债务状况的忧虑所吞噬。

自我关爱意味着在你在关注金钱和尊重金钱的过程中找到一个健康的平衡点，但是不要让它来限定你。当然，假设你有足够的金钱来满足基本需求，同时你关注自我关爱，你就已经比世界上大多数人做得好了。

有两种基本类型的金钱斗争。一种是超级节俭、根本不花钱的人，这种人需要学着去相信，即便他们放松一点对花钱的控制也没问题。这有助于他们把钱看作人与人之间一种能量流动形式，而不是将钱紧紧攥在手里。节俭的人的优势是他们可以意识到自己的财务状况并知道怎么去做预算，这是个很好的开始。

另外一种是完全没有金钱概念、只知道不停去花钱的人。这种人需要对金钱更加尊重，去谨慎思考怎么花钱而不是随意挥霍。如果你是这样的人，就试着把你几周内或一个月内买的东西记下来，然后回看你买的这些东西，思考你为什么要买它们。记住，你没办法给自己买来平静和幸福。

当涉及金钱和自我关爱时，试着找到一个平衡点。

* 看着自己所拥有的一切，告诉自己，我很知足。感恩与金钱相伴
而行。

* 几乎每个人都可以为慈善事业贡献力量。在很多宗教传统中，把
自己收入的 10% 捐给慈善机构会得到福报。找一个慈善机构去
帮助那些感动你的人，尽你所能地去付出。如果你不能捐钱，那

么你愿意付出一些时间吗？

* 关于金钱的自我关爱意味着要有明确的界限。在你借钱给别人或者分担账单和费用之前，要做好准备应对可能发生的情况。如果你借钱给别人，要做好对方不还钱的准备。

做一个慷慨的人，无论是买晚餐还是送礼物，这都是很好的表现。慷慨大方并不一定要做大事或花费昂贵的事，单单这个姿态就是值得赞扬的。

·找回自信·

我想，如果一个女孩想成为一个传奇，她就应该努力去成为一个传奇。

——卡拉米蒂·杰恩

你对自己说过的上一件事情是什么？"我不能再吃了，因为我太胖了"？"我从来都没做过这个，所以我做不了"？"我不能那么说，因为他们会觉得我很傻"？我们跟别人说话要比跟自己说话谨慎得多。对自己，我们总是如此的残忍。

如果你以你最好的朋友看待你的方式来看待自己，就会发觉自己是如此的美丽、聪明、幽默、有趣。

你可能觉得其他人都比你自信，但我们可以跟你保证，不是这样的！相信我们，那些我们觉得美丽、有才华、得到普遍赞赏并看起来非常自信的人内心非常紧张，与展示在世人面前的自信截然不同。

▪ 增强你的自信

有些人很幸运，在儿时，他们的父母或亲人就教会了他们自信，这是最大的礼物。但如果你没有这么幸运，就必须在成年以后找到变得自信的方法，而且必须亲力亲为。我们希望以下建议对你有所帮助。

* 做一些让你觉得恐惧的事。你可以做场演说、在聚会上跟陌生人聊天，或者是尝试一种新的爱好。你所恐惧的事做得越多，它们就变得越来越不可怕，你面对新挑战时的信心也就越足。

* 做你自己。真正的自信不在于把你生活中所有的事都做到最好，而是去做一个真实的自己。当你遇到一个能够接受脆弱、诚实和开放的人的时候，你就会马上明白，这种人比戴着面具生活的人有趣多了。你可能在事业上能够取得成功，但如果你不能做真实的自己，事业的成功就不会让你感到幸福。

* 照顾好自己。是的，我们正在讨论这个问题。对自己投入的关注越多，你对自己的感觉就越好，你也会反馈给这个世界更多好的东西。

* 当你感觉备受困扰的时候，求助于那些聪明的朋友，甚至人生导师。有时候你需要一个外人来激励你，鼓励你。

* 当可怕的想法悄悄潜入，告诉你不能或不该做什么的时候，注意这个过程。首先是意识到它们的存在，接下来你会意识到自己可以改变它们。

■ 不喜欢内心的声音？那就换个新的

　　注意你对自己说的话。养成自我批评的习惯很容易，通常是这样表现的：我不值得，我做得不够，我会被嘲笑和鄙视，我会被看不起或者被排斥。

　　其实，这并不是你内心真正的声音。内心真正的声音是亲切的、有爱的。如果你加以关注，就能找到。自我批评只是一种老套的思维模式，和自我关爱是背道而驰的。

每当你对自己说一些不会对朋友说的不好的话时，请把它们写下来。这会让你注意到自己多久做一次这样的事，慢慢地，你就会改掉这个习惯了。

如果你只是以自嘲的方式逗别人笑，那就无所谓了。不过，即使你认为自嘲会让你很幽默，实际上也是在侵蚀你的自信，因为你会开始相信口中说的自己，而这种想法也会反馈到你的现实生活中。你会指出别人的缺点让他们成为笑柄吗？如果不会，那么也不要这么对自己。

一旦你写下了自我批评的想法或自己跟自己说的话，就想一下，你能对自己说点别的吗？你会说出自己的优点吗？

别担心，这不是吹牛。告诉自己自己做过的一些好事和吹嘘自己多棒是不一样的。那些渴望得到外界认可的人往往是最不自信的。

▪ 正向激励的力量

肯定法在 20 世纪 80 年代很盛行。你可以写张便条贴在镜子上，上面写上诸如"我爱我自己"之类的话。尽管这些话被别人看到会有些尴尬，但是它们会改变你的感觉。

从写下便条的那一刻开始，肯定法就开始起作用了，尽管只是微妙的变化。写一些你相信的箴言，毕竟"我爱我自己"这句话并不一定适合所有人，但它让我学着去爱自己。如果你也想尝试，就找一句你真正相信的话，每天重复它或者写在你随时能看到的地方。

肯定法的另一种方式是阅读和重复伟大思想家们的名言。这些都是真正鼓舞人心的，能够真正改变你的想法和感受。你可能会觉得其中一些名言有些俗气，没关系，继续寻找，直到找到那句使你产生共鸣的话。

当你找到对自己有意义的名言时，把它写在便条上，贴在你的镜子上、键盘上或者桌子上，甚至你可以用它来做屏保。同时，也试着分享它们。我们的诗人朋友文尼去别人家做客时，会写下一些简短的诗歌或积极的话语，并随手放在枕头下面或浴室柜子里，这样，他的朋友在他离开后会发现它们。

纳迪娅：我试过《美女老板》作者索菲娅·阿莫鲁索使用的一个小技巧：用肯定法来设置我的电脑密码。我选择了"我爱纳迪娅"，每次输入密码的时候，我都会笑。后来我的电脑坏了，我不得不把密码告诉了苹果电脑维修人员。实在是很尴尬。

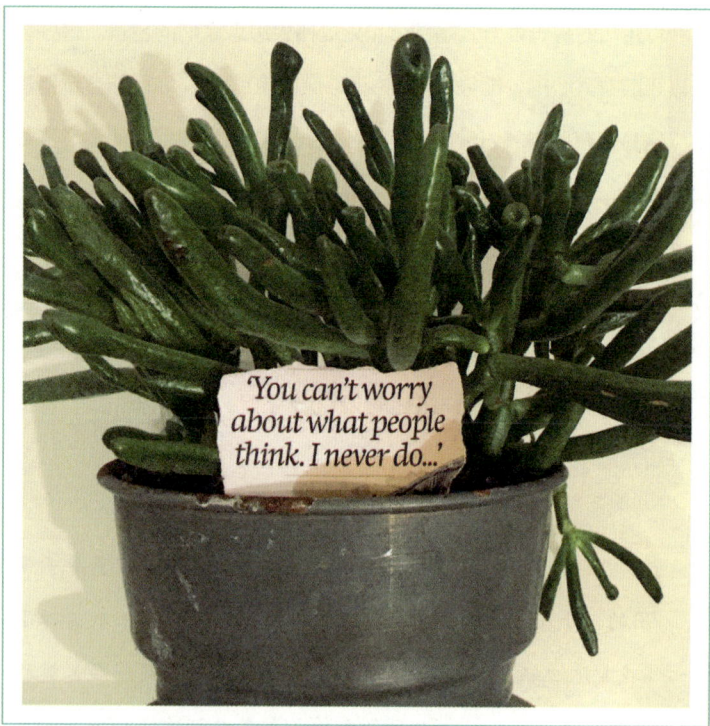

'You can't worry about what people think. I never do...'

▪ 用情绪板来展望生活

如果想要自己的生活发生一些特定的改变，那就需要引导。你不可能在你不知道该去哪儿的时候就去开车。把情绪板看作你的卫星导航，它会把你的目标集中，帮助你朝着正确的方向前进。做情绪板或情绪书听起来很复杂也很耗时，但我们敢肯定，一旦你开始操作，它们就会让你上瘾到停不下来。

一般来说，你可以给自己的生活创建一个情绪板，或者只为一些特定的部分设定情绪板，比如你的家庭、工作或感情，你未来的期望、梦想和愿景，或者只是为了孩子。

凯蒂娅在她的咖啡厅里做了一块板，她经常用来记录晚餐计划和孩子们聚会的主题。纳迪娅在装修自己房子的时候，没日没夜地沉浸在 Pinterest（品趣志）上，直到凌晨两点才把灵感写在她的情绪板上，帮她建造一个梦想中的家。

低保真方法

从杂志上剪下照片、文字、格言、简图等，无论怎样都可以营造出你喜欢的生活氛围。想想它们代表的目标和意义。把图片和文字贴在板子或剪贴本上。如果不想和他人分享，你可能想把这些照片挂在人们走进房子时看不到的墙上，或者把它们贴在橱柜门的内侧。它们越是私人化，你可能越会这样做。

在线方法

正如你所知，你可以在 Pinterest 上创建多个与生活相关的文件夹，如果你觉得有用，甚至可以把它们打印出来。你会在这个网站上找到很多你可以效仿的人，他们有很多有创意的点子激励你。这是一种非常有趣的方式，也是创建你生活中各种情绪板的绝妙方法。

·惧怕错过 & 享受错过·

享受生活，热爱自己。

——凯特·克劳

你有过这样的想法吗？"所有人都去了，只有我没去。""所有人都很开心，只有我不开心。""我错过了。""我是唯一一个孤独的人。"

无论你是谁，总会有人比你更伟大、更优秀、更进步、更性感、更独特、更有价值、更漂亮、更有名气、有更多的朋友、更满足。尽管这样说会很伤人，但惧怕错过可能会给你一个信号：你需要改变自己的生活。其他人做了哪些你渴望去做的事？你是不是有时需要强迫自己说"是"——去约会、去上瑜伽课或者做其他你想做的事？

终极的自我关爱是当下去做你想做的事。如果你需要待在家里，那就待在家里吧，但是不要不停地看社交媒体，去看别人在干什么，这会耗尽你的能量。

你也可以接受享受错过这个论调，享受错过是感受属于你自己的真正的快乐，能够看你想看的电影、洗澡，做你喜欢做的事。

注意你自己，了解你的社交能力。如果你有足够的精力、良好的感觉，那就走出去，享受其中。

有些时候你可能没太多精力，或者日程已经太满，你需要休息，那就是你真正享受错过的时候。

■ 如何快乐地社交（尤其是觉得自己不太合群时）

有一个确保你每次出去都能玩得开心的方法，那就是准确地弄清对你来说怎样是真的开心。

* 你是不是很讨厌参加一群陌生人的聚会？这不代表你不喜欢他们，你可能会发现你更愿意和你真正喜欢的人一起享受这个过程。如果聚会上的音乐动听，你可能还会沉浸在舞池里面。

* 如果你以前从来没参加过白天狂欢、晚上打保龄球、唱卡拉 OK 等活动，那么当有人邀请你参加这些活动时，你可以说"好"。你可能会有一段绝妙的经历。不要因为恐惧而说"不"。

* 不要总是闷在家里。花点时间走出去（好）和与世隔绝（不太好）是有区别的。有时你必须做点什么，否则人们就不会再邀请你了——你可能会为此后悔。

* 想想你最喜欢的社交活动：多少人参加？你喜欢一对一的晚餐还是 20 人的聚餐？注意你自己的感觉，一旦了解了自己喜欢的社交活动规模，你就可以组织自己的社交活动了。最好搞清楚你是不是不喜欢大型的聚会，否则你会在自己不开心的情况下对自己很苛刻。

* 如果社交活动让你消耗很大，你要确保自己有足够的时间复原。

▪ 怎样独自生活（尤其是不想独自生活的时候）

独处的时间可以给你提供能量，学会享受自己照顾自己，摒弃那些让你变得尴尬和羞愧的想法。即使你是一个外向的人，而且总是需要和别人待在一起，知道如何独处也是很重要的。

也许你不喜欢独处，因为这会让你思维混乱，想得太多。而当你进一步与这种不舒服的感觉相处时，你最终会熟悉它，它看起来也就没那么怪异了。

学会如何独处将是你余生的力量之源。你不能指望别人永远陪在你身边，不论是相处了二十五年的伴侣还是你的孩子。

* 如果发现某个晚上你没有任何计划，不要试着去填满日程，把那段时间留给自己，让它专属于你一个人。

* 设计一顿美味的饭菜。我们建议你选择本书84页的咖喱蔬菜——做一些你通常不会为自己烹饪的东西。

* 做一些你通常不会在别人面前做的事。也许这是个创建情绪板的好时机。读一本你一直期待读的书或杂志，尽量不要把整晚的时间都浪费在垃圾电视节目上。

* 不要去做家务，如洗衣服、熨衣服、计算开支等。尽量不要去回复和管理邮件。从社交中抽离出来的时间不一定是充满活力才有价值。

藜麦野生米沙拉

除非你家附近有中东商店，否则你很难买到干伏牛花子，但是你绝对值得尝试在网上购买，因为它会给沙拉添加一种独特而美味的酸味。如果你找不到，那就用蔓越莓来代替吧。

把野生米和藜麦放入锅中，加深约 5 厘米的水，把水煮沸，转小火慢炖 20 分钟或炖至水分几乎蒸发掉。一旦水分几乎蒸发完，尝一下米饭，如果嚼起来还有些硬，再加一点水，如果米饭熟了，就把火关掉，盖上盖子焖。

煮藜麦和野生米的过程中，把煎锅加热至高温，把玉米放入煎锅，旋转玉米至玉米粒变黑，离火进行冷却。

在平底锅内放 1 汤匙橄榄油，小火给油加温，加入西蓝花翻炒几分钟。如果你想让西蓝花保持绿色和脆感，就不要炒过头了。

玉米冷却至不烫手时，用锋利的刀把玉米粒切下来。

配料（4 人份）

100 克野生米

100 克藜麦（我喜欢红、白、黑三色混合）

1 根玉米

3 汤匙橄榄油

1 颗洋葱，切碎

1 瓣大蒜，压碎

100 克西蓝花，切小块

3 汤匙干伏牛花子或蔓越莓干

1 个柠檬，榨汁

1/4 茶匙盐

1 个红尖椒，去籽，切碎

30 克烤南瓜子

　　找一个大碗，把所有配料混合在一起，加入柠檬汁和调料、剩下的橄榄油，撒上切碎的尖椒和南瓜子，再撒上盐和胡椒调味。

咖喱蔬菜

不要被长长的列表吓到，这是一种很容易做的咖喱菜。它能在冰箱里保存三天，而且能保存得很好。传统的咖喱蔬菜用的是奶油，我这里用椰奶来代替了。

将姜、蒜、尖椒放入搅拌机中打碎，备用。

将椰子油倒入炖锅中，小火加热，加入切碎的洋葱炒至变软而不会变黄。加入姜和辣椒粉，搅拌翻炒1分钟。

加入香料，搅拌1分钟，倒入椰奶、汤料和盐，搅拌至完全融合，开始炖煮。与此同时，将面粉和3汤匙水混合成浓稠的糊状，然后加入煮熟的椰奶。

加入冬南瓜，煮10分钟；加入菜花，再煮10～15分钟。如果你已经把蔬菜切成片的话，就把它们和嫩豌豆、卷心菜或甘蓝一起放入，煮1

配料（4人份，加米饭）

拇指大小的姜片（约50克），去皮，粗切

3瓣大蒜，粗切

1个红尖椒，去籽，粗切

1汤匙椰子油

1颗洋葱，切碎

2茶匙孜然粉

1茶匙姜黄粉

1/2茶匙芫荽粉

1/2茶匙肉桂粉

2罐400克罐装椰奶

一些蔬菜块

1/2茶匙盐

1汤匙面粉

1个冬南瓜（约650克），去皮，粗切

1颗菜花（约350克），切成小块

100克嫩豌豆或蜜豆

一大把卷心菜或甘蓝，切碎

1个酸橙，榨汁

分钟即可，这样它们仍会保持活力十足的绿色。

　　离火降温，挤入酸橙汁，配以煮熟或蒸熟的糙米，撒上椰子片和烤腰果。

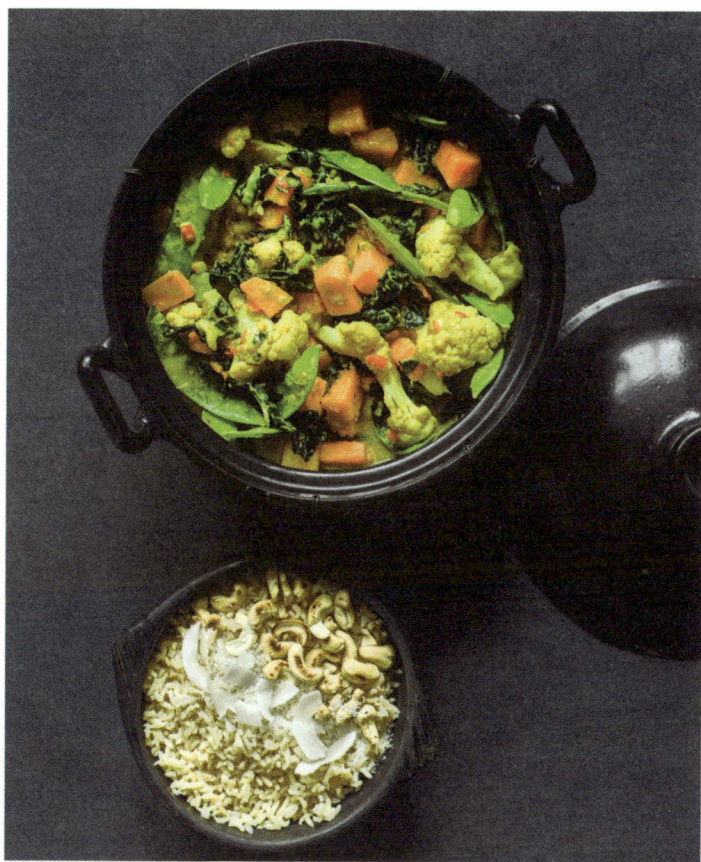

黄金姜黄拿铁

在花蜜咖啡馆里，我们很自豪地用新鲜的根而不是姜黄粉来制作拿铁咖啡。新鲜的配料能产生巨大的抗炎作用，而且这些成分也可以改善大脑功能，促进消化。胡椒可以促进姜黄中姜黄素的吸收，你可以去找一些荜拨，如果找不到的话，你可以用黑胡椒代替。这个配方可以制作出150毫升的混合料，你可以用它来配拿铁喝（每次2汤匙），或者每天吃15毫升。

将姜汁、姜黄汁和荜拨粉混合，放到一个瓶子中，在冰箱里储存四天。

将牛奶放入平底锅内加热，倒入黄金姜黄拿铁混合物，搅拌至融合。如果你喜欢更甜的味道，可以加一些枫糖浆，并在上面撒上一层肉桂粉。

配料

75毫升姜汁（取自150～200克姜根，取决于你的榨汁机）

75毫升姜黄汁（取自130克姜黄根）

1/4茶匙荜拨粉

做一杯拿铁

200毫升牛奶（我用的是燕麦牛奶）

2汤匙黄金姜黄拿铁混合物

1茶匙枫糖浆（可选）

少许肉桂粉（可选）

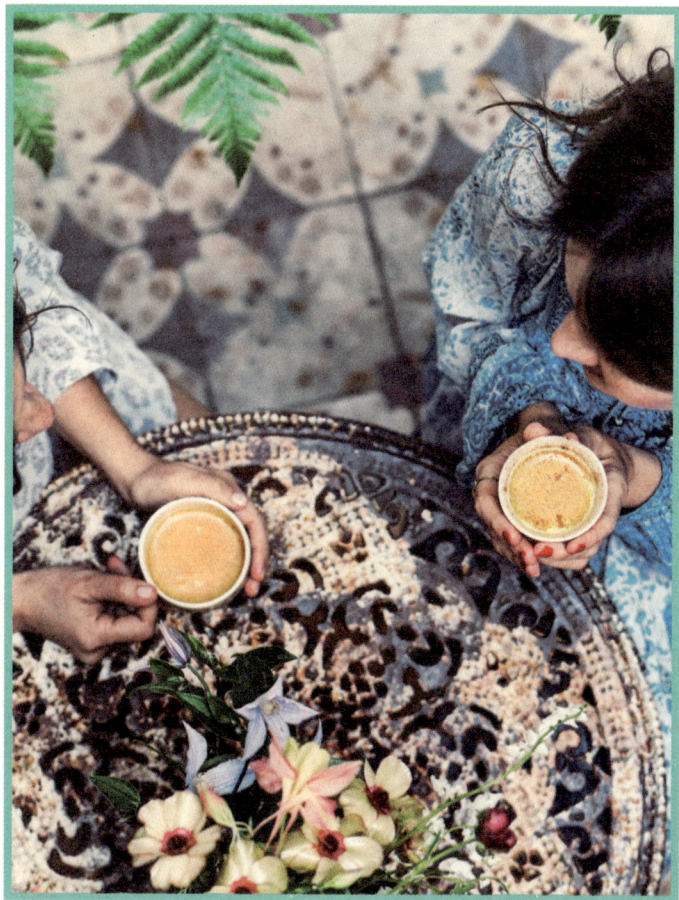

· 假如生活并不完美 ·

当我们渴望过一种没有困难的生活时，要提醒自己，橡树在逆风中生长，钻石在压力下成形。

——彼得·马歇尔

你没有自己想要的或期望得到的东西，没有孩子，没有工作，没有山顶上有护城河的城堡。生活从不完美，甚至和想象的毫不沾边。

那么接下来怎么办？你会不会花一生的时间去等待某件事情发生来让自己快乐？比如彩票中奖或是被爱情拯救？如果这些永远都不会发生呢？什么时候你才能让自己快乐起来？

不管处境如何，你的生命都是宝贵的，而且应该有目标。你应该每天都带着快乐的感觉醒来。好消息是，无论从哪里开始，你都可以到达一个适合自己的地方。找到让你充实的东西，做些能给你带来快乐的事：去见你的朋友、去工作，做任何让你开心的事都可以。一旦你做出了决定，就要快乐起来并付诸行动，这样，你就很少再去想那些自己没有的东西。

▪ 妥协不是一个贬义词

在生活中，有时候你必须学会变通和妥协。这并不总是一件坏事。如果你已经适应独自生活，突然遇到了梦寐以求的真命天子，那么你的新男友也许想要做什么（或者不想做）的时候，你会发现你不得不妥协。

没有人是完美无瑕的，不是每个人都像你一样（感谢上帝），生活也不会总如你所愿。因此，灵活变通是我们每个人都要学习的一种品质——无论是处理与恋人的关系，还是处理与朋友或同事的关系。

你也必须学会妥协，因为没人可以想干什么就干什么。生活中，在不同的时间会有不同的需求需要优先考虑：孩子、疾病、工作、你生活的地方、你的人际关系等。这一切都需要努力去平衡，所以生活不可能是完美的，但是，如果你能接受，那就会是不完美中的完美了。

凯蒂娅：我现在获得了投资，开始经营自己的生意——花蜜咖啡馆。在此之前，我曾经在一些规模大、特别不可思议的商店里出售商品。我不得不努力去放下认为自己是个失败者这类感觉。但是，之后我会想我为什么要这么做！我现在优先考虑的是，孩子第一，其次是生意。

拓展业务的时候，我不得不放弃对自己来说重要的东西。这是我现在做的选择，我相信你一定也需要做一个选择。

▪ 生活不完美？为他人做点事吧

想要学会感恩，有一种方法就是帮助别人。你可以做很多事，从捐献钱财或时间给慈善机构开始。不过，帮助别人并不仅仅意味着做慈善工作，也可以是为任何需要帮助的人做任何事。

现在，基本的社区工作的预算被削减，这是一个看我们能为自己的社区做些什么、如何帮助那些比我们更困难的人的理想时机。在瑜伽传统中，帮助他人的服务被称为"Seva"，意思是，在没有奖励和报酬的情况下工作。

你可以从以下小的服务开始：

* 帮助别人把行李或婴儿车搬上台阶、公交车、地铁。这只会花你一分钟时间，但是任何一个推过婴儿车的母亲都会告诉你，当有人帮助她的时候，那感觉是多么美好。

* 问一个无家可归的人想不想要一杯咖啡、一个三明治或一块蛋糕。也许你每天上班路上都会遇到一个这样的人。

* 给当地的食物银行捐款，或者直接捐款给慈善机构，或者花时间为他们提供帮助，或者帮助他们筹集资金，也可以在慈善商店买东西。选择那些对你有意义的慈善机构，不论是妇女慈善机构还是收容所。

* 努力对每个人说声谢谢。知道自己被人注意和承认是件快乐的事。在恋爱中，经过一段时间的接触，你很容易认为伴侣所做的一切都是理所当然的，但不要忘了初见时你觉得他们多么好。

* 做一顿饭，送给需要的人，可能是一个年长的邻居、一个生病或悲伤的人、一个刚生完孩子的母亲，或者只是因为你知道那个在努力工作而没时间做饭的人。我们都知道，筋疲力尽时，有人奉上一顿家常饭菜是多么奢侈的一件事。

* 在工作时召集一些人去帮助对你有意义的特殊群体。有很多事情可以去做，比如捐赠衣服给妇女庇护所，或者组织一项运动去筹集资金。

　　凯蒂娅：我20出头的时候，住在洛杉矶，曾在一个艾滋病临终关怀医院做志愿者。我每周去两次，在病人身上做灵气疗法。每周我都会遇到新的病人，随着时间的推移，我们的关系也变得更好。在那段时间里，艾滋病对大多数人来说是一种新的可怕的疾病，所以让一个正常人来接触病人并帮助他们度过生命的最后几个月，对他们来说是一份礼物，对我来说也是份礼物。当时，我对生活很迷茫，但每次去那里，我都知道自己在做一些帮助别人的事。对这个世界有所贡献让我感觉很好。

· 改变即将来临 ·

> 我见过的所有生活转型都是从这个有问题的人最终厌倦自己
> 说的废话开始的。
>
> ——伊丽莎白·吉尔伯特

不管你是否喜欢，生活总是在改变，其他人也在改变。你需要的是灵活地适应改变。想一想小麦，它深深地扎根于土壤，但仍然能在风中弯腰。如果你无法忍受，改变将不可避免地让你感到恐惧和疲惫。你是否会灵活变通？还是会死板到事情不按计划进行时就会抓狂的地步？

纳迪娅在教瑜伽的时候谈到了这个问题，因为瑜伽不是要学会够到脚趾，而是要在生活的各个方面都能够灵活、优雅和轻盈。

人生中会出现我们计划的、希望的好的变化，当然也会有意想不到的变化。纳迪娅孕期瑜伽班的学生在生完孩子后告诉她："从来没人告诉过我会这么孤独和艰难，最初的几个月根本就没有自我，全都围着孩子转。"

也许你的变化是真实的变化，比如更年期，或者创业伊始、试图买套房、结束一段关系、离开一份有稳定收入的工作去做你相信的事……这些都可能会让我们质疑自己的变化。

其他的人也在变化：你可能很难接受一个朋友不再和你住在同一个地方。

人们很容易对变化感到恐惧，如果变化让你恐惧，也许你可以通过酗酒、暴饮暴食（吃得太少），或者单纯的冷漠和自暴自弃来应对，以此逃避责任。

当改变让人感到不可抗拒时，我们的日常生活往往会崩溃。但这恰恰是你最需要改变的时候，看看你可以置身何处，这会带给你稳定感，让你在生活的其他方面更加自如。坚定不移地关注睡眠、锻炼和饮食，让自己感觉更好。这些事情看起来有些简单，但它们会在你感到不安的时候给你空间来消解不安。

> 纳迪娅：多年来我一直排斥买房，直到我意识到这并不是因为我如自己想象的那样随遇而安、无忧无虑。坦白说，我意识到，之所以如此，是因为我害怕财务承诺。我必须经历自己对改变和束缚的恐惧，去得到我真正需要和一直想要的一个家。有趣的是，我如此害怕被束缚、被困住，但现在很少想到离开我的公寓，因为我太爱它了！

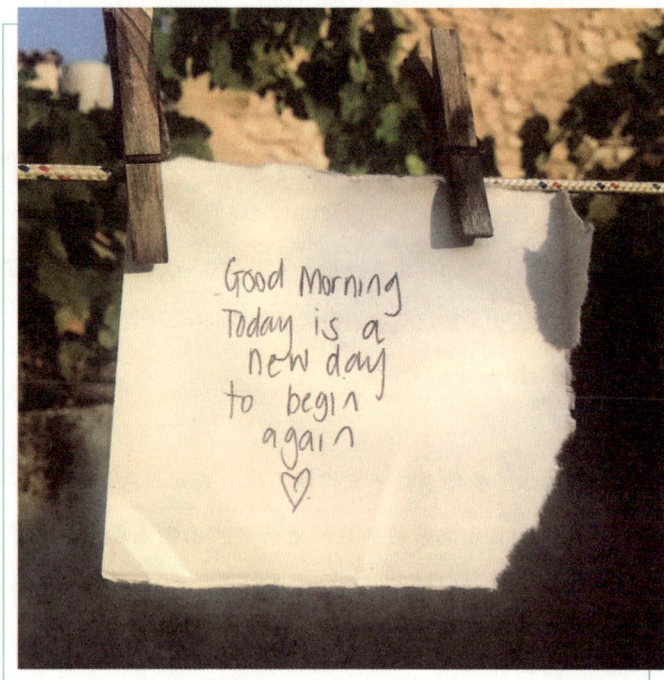

- ## 提醒自己能做什么

  * 几乎没有人善于回顾过往，看看自己都完成了什么。写一份迄今为止你取得的所有成就的清单，尤其是那些冲破艰难险阻达成的成就。

  * 即使不具备成功的传统外在标志——房子、爱人、漂亮的孩子，你也会取得令人难以置信的成就。关注这样一个事实：其他人的改变可能是显而易见的，但你的改变可能是内在的。

  * 想想你渡过难关的其他时刻。你正在读这本书，所以你已经做到这一点了。正如格洛丽亚·斯泰纳姆一样，这个八旬的斗士曾说："变老的好处是你曾经见过更糟糕的情况。"

  * 当你完成一项超级困难的挑战时，记下那段时间的感受——在获胜之前、过程中和之后，你的感觉如何？下次再遇到挑战，你就回想一下那个时候。记住，你一样没问题。

- ## 如果你不得不做一个重要抉择

  每个人的一生中都会遇到十字路口，每到那时，无论做什么决定，都会影响自己一辈子。你可能会感到一个抉择带来的压力，也许是找一份新工作，或者是决定要不要和伴侣分手，或者改变你生活中不满意的一面。你的朋友可能会给你好的建议，但最终没人能肯定地告诉你这一选择的结局。你所能做的就是用你的直觉和你此刻掌握的信息做出抉择。

即使后来你宁愿当时做了另一个选择,也要对自己好一点。记住,你已经用当时掌握的信息做出了最好的决定。不要为当初你不知道的那些事而自责。

那么,怎么才能知道你现在做的事是对的呢?

* 安静一点,听听你内心的声音,你将会得到答案,尽管它并不那么容易听到。

* 问问别人,但不一定要听从他们的建议。有时候,爱你的朋友会说一些你想听的。或者出于好意,他们会根据他们自己的经验给你建议,而不是根据你的经验。你需要为自己做出正确的决定,因为你是那个承担结果的人。

* 问问自己:保持不变,从不做决定是不是件坏事?如果什么都不做,会发生什么?

* 列出利弊清单,坚持写下去,直到你的行为变得清晰起来。

* 做每个选择时,想想你会不会后悔。

* 从治疗师或人生导师那里获得专业的意见。一个无关个人利益的外人可能会提供你和你朋友都没有的视角。

凯蒂娅：我的一个朋友，在 38 岁的时候，爱上了一个不想
要孩子的男人。当时，她必须决定哪个对她更重要：是孩子还
是爱情？我说："你必须以你需要什么和想要什么来决定。最
糟糕的情况是和他在一起却责怪他不能给你完整的家庭。即使
你和他分手，最终也没有孩子，至少你是根据当时的需要和想
要的东西做出决定的。"

▪ 专注于冥想

在佛教思想中，变化是永恒的。整个冥想练习就是学会坐下来观
察所发生的一切，而不需要对其做出判断。冥想将教会你去观察变化，
而不会陷入过去或未来的故事情节而无法自拔。

静坐，专注于你的呼吸。你无须双腿交叉或坐莲花坐（除非你想），
坐在椅子上就可以了。

你会注意到自己的思想在不断变化，可能是从"我感觉所有的事
都很棒"到"我是如此浑蛋，我为什么要这么说呢"，只是观察你的想
法，看看它们是如何变化的。让这些想法发生，但尽量不要深陷其中。

接受自己思想的自然变化，并不断地让注意力回到你的呼吸上，
让它成为你的支柱。

▪ 自然疗法

在大自然中散步，无论是在城市公园还是在乡村，对你来说都是很好的训练。当你正经历一段难熬的时期时，它会帮你去欣赏变化，尤其是那些不想要的变化。

选择一个离你足够近的地方，你可以每天去散步一次或至少每周去一次。

每次都要走相同的路线，真正地感受和注意周围的一切。每走一次，你都会看到到处都有微小的变化。冬季来临，树木光秃，落叶覆盖大地；春天冰雪消融，第一棵嫩芽长出，几周后风信子和其他的花都开了，草儿也焕发了生机；夏日来临，植物茂盛，所有植物似乎都开花了；秋天硕果累累，黄叶飘落，蘑菇出现了。

当你真正注意到周围的所有变化时，就不会因为错过内心的想法而顿足捶胸，不会因为匆匆而过或者戴着耳机而错过美景。相反，你开始感受到生命的自然轮回。你不再为改变而感到恐慌，或者想要逃避，你会慢慢地变得更加自在。

■ 学会分解

　　当你不堪重负，无法看到前进的方向时，只须去做眼前需要做的事。一步一步地来，不要激进，制订一个计划。问问自己：我今天需要做什么？然后列出当天的清单。如果试图考虑所有需要做的事，你会崩溃的。

*确定你的目标。也许你要清理过世亲人的房子，或者你有一个快乐的目标，比如策划一场婚礼。

*放开生活中无法为现在正在努力的目标提供支持的其他事，为你的目标腾出空间。

*找出实现目标需要的资源。谁能来帮你？有没有值得信赖的人给你建议？创建一个列表甚至情绪板来确定你想要的是什么。

*列出你要做什么、什么时候做。计算好做这件事的时间并把时间表写在日记里。做更多的清单！优先考虑你要注意的事。不要压垮自己，一小步一小步地来。

*当完全专注于自己的目标时，你可以每天拿出几个小时来完成一件事——确保不会过多消耗，能有时间恢复。

*记住，最终所有的事会整合在一起，然后你就可以祝贺自己了。

　　（或者自己已经成了婚礼策划师！）

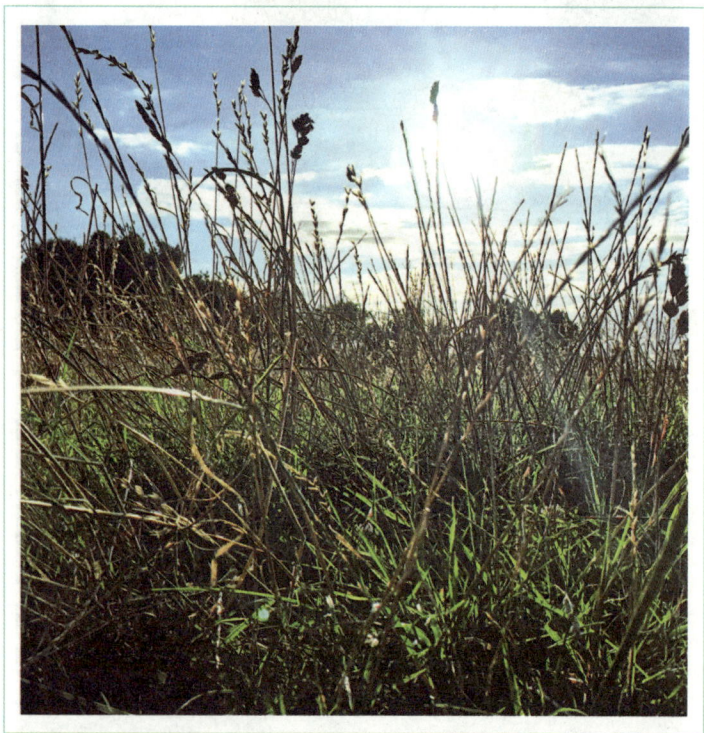

·如何给生活带来更多希望·

* 审视一下自己。注意自己的感受。每天都这样做，如果可以的话，每天多做几次。

* 问问自己：对你来说，什么是希望？你现在对什么充满希望？

* 你什么时候觉得自己不符合自己希望的样子？是什么让你感到担心和焦虑，你能做点什么？

* 现在，你做些什么能让自己的生活有希望？

* 问问自己：此时此刻有什么希望？

* 做一点能给自己带来希望的事。

PEACE

和喧嚣平静相处

任来者来，由去者去，找到余下的。

——马赫西

　　你上一次感到平静是什么时候？相信很多人都很难准确地说出那一刻，因为平和、安逸和平衡的感觉是如此陌生，以致你很难记住。

　　这也是因为平静是与压力相反的一种感觉，而我们更熟悉压力的感觉。忙碌和压力对我们来说是正常的，但是，当我们从中培养平静的心境并以此对待生活时，就能以一种比不断地承诺更明智、更周到的方式来应对这个世界。你可以看看这一章的标题，然后想一想，心碎、悲伤、疾病……都是不平静的情绪！我们承认，这些在任何人生活里都是不平静的，却又恰恰是需要平静、冷静和平衡的时候。当生活不美好的时候，片刻的平静就会让你觉得，在未来的某个时刻，一切都会好起来的。这并不是说只要安静几分钟就能让所有问题消失，我们的意思是，在个人压力大的时候，要确保每天都可以为自己做些微小的善意的事情。像照顾一个正在经历艰难时期的朋友一样温柔地对待自己——你不应该告诉他任由事态发展，而应该善良地、体贴地对待他的脆弱。找些时间远离生活和情感的冲击，这会让你更坚强，更好地去克服它们。

·压力来袭时·

真理会让你自由，但它会先让你恼火。

——格洛丽亚·斯泰纳姆

"你好吗？""哦，你知道的，我很忙。"这是你通常的回答吗？经常忙碌似乎象征着一种荣誉，可以向别人表明你生活得很充实：你有人要见，有地方要去……这是向世人发出的一个信号：你不孤独、不贫穷。你的忙碌告诉别人，你被人需要，你的时间是宝贵而且必需的。

为何不试着抽出一些宝贵的时间呢？如果你不能为自己的身心留出空间去处理现代快节奏生活中的荒谬，压力就会慢慢累积。

有些人觉得有必要让一天中的每个时刻都充满活力，或者当什么都没做、为做某事焦虑时，应该觉得内疚。

自我关爱便是提醒你，存在即合理，不需要去做什么。

如果你感到有压力、对别人大喊大叫或是生病，这些都是你需要更多空间的信号。这些空间是自我关爱对你最有效的部分——你可以做瑜伽、做饭、锻炼、平躺甚至无所事事地闲逛。上次你哪儿都不用去是什么时候？当每个时刻都被占据的时候，你很难不觉得一切都压在自己头上。

　　你可以早起十分钟，然后坐下来，安静地喝一杯茶。或者做一些冥想来清醒你的头脑，这能让你一整天都感到平静。

　　怎样判断什么是好的空间呢？就是让你在这一天的余下时间、在第二天甚至以后的日子里还能感受到平静的空间。

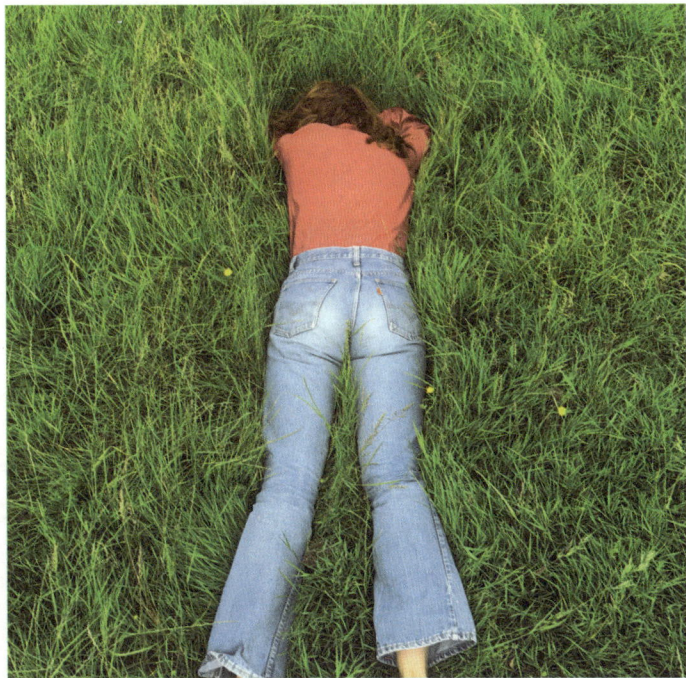

- 寻找工作和生活的平衡

你看看别人的生活，你觉得他们都能妥善安排吗？可能他们看你也是这样。但我们不相信有人能一直这样。

工作和生活能够平衡当然是好事，但是生活总是麻烦不断。我们大多数人都在尽自己最大的努力把所有事一件一件地处理好。这样做有助于把工作和生活的平衡看成一个月或一年内达成的事，而不是仅用一天达成。

总有那么一天，你必须优先考虑家庭而不是工作，反之亦然。如果你有孩子、经营生意、有亲朋好友、面临最后期限、有工作或者承担其他任何一种责任，你就必须接受事情会时不时地出错。在无论大小的危急时刻，你所能做的就是尽你所能地去解决问题，通过适当放弃你无能为力的事来关爱自己。你最好欣然接受这一团乱麻，而不是与之抗争。

当眼前的危机结束时，这会是个为自己腾出一些空间的好时机——找机会去散散步，或者做一些冥想和锻炼来让自己的头脑清醒。

尽管我们承认工作和生活的平衡之道是难以捉摸的，但我们相信你仍然可以把这种平衡放在适当的地方，并以此减轻自己的压力。就像在你的自我关爱账户储存一样，把这种平衡当成一种习惯，它将会在一切变得疯狂时给你空间缓冲。

* 比想象中的更有条理。把你需要做的事情、计划，写在日记里或手机上。在你的手机上设置闹钟，提醒你每天和每周的任务，以及其他任何事情。在家庭生活中，通过有规律的日记记录招呼其他人也加入进来。授权你的孩子（伴侣）负责他们自己的校服、家庭作业计划和俱乐部时间表。

* 练习设置界限。你需要对任何增加你负担却没有回报的事情说"不"。这并不是说不去帮助你所爱的人，而是说不要因帮助别人而失去自己的生活。把过去一个月你本来可以说"不"的事情列一份清单：为学校做蛋糕、组织工作午餐、晚上和朋友一起出去玩（你觉得责无旁贷）。如果这些事情再次出现，你就要学习说"不"。

* 花点时间去做自己喜欢做的事。个人时间应该是待办事件清单上的第一项。你最喜欢做的事是什么？你上次做这件事是什么时候？把它放在列表的顶部，并在下面画线。

* 每天至少把手机关掉一次。建立一个没人能找到你的安静的庇护所。试着晚上关掉你的手机。你不需要随时与他人接触，他们也不需要随时与你接触。我们还记得曾经写信与别人交流的时代（而且距离现在没有那么久远！）。

* 清空你的大脑，这样你就不会一直想着你要去做的事了。列出清单对你有帮助，也让你有时间解脱出来。冥想是最好的应对方式，如果你做不到冥想，那就试着放松一下。

■ 不能慢下来，就试试主动的自我关爱

如果冥想让你感到焦虑，而坐下来的想法似乎是不可能实现的，那么你的自我关爱就不必是坐着不动了。有时你需要动起来，从头脑训练转换成身体训练。纳迪娅喜欢做瑜伽，凯蒂娅喜欢做饭，你可以找到自己的方法让自己的思维平静下来，关爱自己。把你的方法写在日记里，就像和自己的约定，这样就算完成了。

* 做瑜伽。它可以把你和你的身体连接起来，有助于使你的头脑平静下来。它教会你在做动作时注意呼吸，这有助于让你整个人平静下来。

* 选择一些你最喜欢的歌曲，然后跳舞！一首歌通常只有三四分钟，所以你可以确切地知道你花了多长时间来做这件事。沉浸在音乐中能够改善你的情绪，让你感到快乐，并给你一种自然的愉悦感。

* 做点东西吃。如果选了一个新的或者稍微复杂的菜谱，你就会特别投入，这样你不需要用心思考就能清除其他想法。烹饪的创造力和为他人提供食物的乐趣也是令人振奋的。

* 到公园（户外）散步或跑步。不仅被周围绿色空间包围能让你的情绪振奋起来，跑步也是一种提升感觉良好水平的好方法。

* 写日记。如果你把事情写下来，就会把它们从你的日常系统里转移到纸上，事后再看也很好。当事情过去后，看看你是怎样处理

好并越过它们的。这也是个很好的提醒，那就是，不好的感觉不会一直停留。

■ 审视自己

当你做得太多的时候，身体会开始给你信号，所以要留意。你可能会感到沮丧、会生病或者只是感觉有点不知所措。学会倾听你身体的早期预警系统，看看能否在情况变得更糟之前花点时间休息和恢复。一般来说，压力的第一个征兆是头痛，有时候则会感到疲惫或情绪激动。

你可能已经习惯了忙碌，但是让你的身体回答这个问题——这对你有帮助吗？如果没有帮助，那么你能做点什么来恢复精力，而不是耗尽？

定期审视你的压力水平是很有用的，不要任其发展，这样你就可以相应地调整自己的生活状态。审视并放慢节奏可以避免每天的压力变成精神和身体的双重压力。当你审视的时候，想想以下问题：

* 我能从生活中获得快乐吗？我上次笑是什么时候？

* 是不是经常有被压垮的感觉？还是有时候会觉得有点刺激？

* 我的杯子是空的还是满到溢出来？或是至少比较满？

* 我的身体感觉如何？你可能会觉得颈部或背部疼痛、有消化问题

或头痛，你可能知道自己的生理体征。

* 我是不是做得太多了？如果是这样，我怎么才能做得少一些？

▪ 检查你的日程表

查看你的日程表或回顾你过去的一周。仔细回顾每一天，你是如何度过每个小时的？注意你的感受，注意那些让你感觉不好的事。

* 当你检查未来一周日程表的时候，你是否会对一些任务、一些人、一些事件或工作心生恐惧？下周你可以取消哪些安排？你会给自己放松和享受自我的时间吗？如果这周没有什么可以取消的话，那么下周呢？有没有你可以长期放弃的东西？

* 如果你找不到任何可以放弃的东西，就看看那些通常花在社交媒体上的时间、看电视或替他人担忧的时间。

* 对很多人来说，第一件让一天荒废的事就是沉溺于电子邮件或社交媒体。你能创造一个新的有规律的早晨安排来滋养你的思想和身体吗？可以是泡杯茶，读一些积极的鼓舞人心的东西。然后做一次冥想或瑜伽，哪怕只是做十分钟。这可能意味着要早起（早睡），但它会改变你一天的生活。

* 你需要减少晚上活动的次数吗？连续几天熬夜、喝酒也许当时会感觉很有意思，但是第二天早上你就不会觉得有意思了。晚上做一些会让你在第二天早上感觉良好的事：读书、看纪录片、上瑜伽或健身课、冥想、烹饪。总之，做一些滋养自己的事，而不是做消耗你的事。

* 你能在不上班的日子预定一个"精神健康日"吗？不要告诉别人你没有上班或你要去什么地方。在那天去做一些不同的事，如去画廊或博物馆参观，尝试新的散步路线，或者独自看一场电影。如果是自己创业的话，这似乎很难做到，但是与其觉得你失去了一天的钱，不如把它看成一种对自己精神的投资，这将使你成为一个更快乐的人，也会让你的工作更出色。而这仅仅需要一天而已。

* 如果不是一整天的话，你能预定一个"精神健康小时"吗？一个在家工作的朋友在她的闲置房间放了一张非常舒适的床。适当的时候，她会给自己沏一杯茶，带上书和她的狗进入这个房间，关上房门，享受一个小时的阅读和小憩。简直是天堂般的享受！

* 你能重新安排你的工作和生活吗？一周在家待一天的乐趣在于，当你把衣服放进洗衣机时，还可以完成大量的工作。

豆瓣菜、梨和茴香汁

豆瓣菜会让这种果汁有一种辛辣的美味，如果对你来说太辣了，试着用菠菜代替豆瓣菜。

把所有原料榨汁，搅拌至完全融合。最好先把豆瓣菜（或所有柔软的菜叶）榨汁，然后再放入硬质的水果和蔬菜，继续榨汁。

冷压榨汁可以保存四天的时间，如果你没有冷压榨汁机，榨汁后就直接饮用。

配料（2 杯量）

1 束豆瓣菜（约 100 克）

2 个梨，去芯

2 棵球茎茴香，粗切

拇指大小的姜片（无须去皮）

绿美人

一种热带风味的绿色冰沙。

把所有原料放入搅拌机搅拌均匀，如果混合物太稠，就多加些水。

配料（1 杯量）

200 毫升椰子汁

1 根冷冻去皮香蕉

50 克嫩菠菜

1 茶匙椰奶

1 茶匙蜂花粉（可选）

50 克冷冻杧果块

1/4 个酸橙，榨汁

菠萝葡萄柚姜黄汁

这是一种非常漂亮的饮料，呈现出姜黄特有的明亮的黄色。要特别小心地处理生姜黄，因为它能把所有东西都弄脏——这绝对不是穿你最喜欢的白色毛衣的时候！

将菠萝削皮、切块、榨汁。如果你用的是冷压榨汁机，就把葡萄柚削皮、榨汁；如果你用的是离心榨汁机，最好把葡萄柚挤出汁。

接下来，把薄荷叶、姜片和姜黄根放入榨汁机，和果汁混合，榨汁。

配料（2 杯量）

1/4 至 1/2 个菠萝（大约出200 毫升果汁）

1 个大个儿粉葡萄柚（大约出 200 毫升果汁）

10 片薄荷叶

拇指大小的姜片（约50克），不去皮

1 块手指长的姜黄根（约20克），不去皮

冰爽绿茶

　　这款茶做法简单，令人耳目一新。你不仅能品尝到绿茶的清香，而且这种冷煮方法比沸水煮法释放的咖啡因少。

　　确保你使用的是优质的散装绿茶，最重要的是，最好用好的泉水或过滤水。

配料

1 汤匙乌龙茶叶

1 升水

　　把茶叶和水放入壶中，放冰箱里过夜。第二天把茶叶滤出，扔掉。

　　只要把茶叶过滤掉，这种冷泡茶可以在冰箱里保存一个星期。

■ 寻求帮助

　　帮助别人往往比请求或接受帮助容易。人们有时认为需要帮助会让他们显得软弱，或者会为自己不能做这些事而感到羞愧。但是，记住，没有人可以自己做所有的事。寻求帮助是一种力量，一旦你得到了帮助，就可以通过帮助别人来偿还。

* 考虑治疗：如果你必须花钱（咨询医生）的话，那可能是为你自己花得最值的时候。你不一定非要有一个明确的诊断才去治疗。治疗不仅可以做一些深层的事情，比如让你弄清整个人生；它也可以处理更多的日常事务，比如帮你处理交流困难，会在你感到不确定、消极、没有安全感的时候给你支撑。我们都会有这样的朋友，他不断地重复卡在同样的消极模式里，你是不是也会这样？有时候，你不得不寻求帮助。

* 如果你感觉难以承受，就要说"我快要精神崩溃了"！让别人来帮助你。

* 如果可以，约一个朋友过来一起吃饭。

* 今天下午让别的父母帮你接孩子放学。

* 打电话给你的兄弟姐妹，问问他们这周能不能去看看你的母亲，因为你去不了。

* 向你的老板提一个要求，让他在某方面给你提供支持。

* 看看同事或专业导师能不能帮你处理问题，或帮你去交际。

不要忘记去感谢曾经帮助过你的人。给他们献上鲜花或手写的便条，让他们知道他们的善意是被欣赏的。不要认为别人的帮助是理所当然的，就算别人提供的帮助不是钱上的，也会占用他们很多时间。而且，要主动去回报。

▪ 瞬间平静的诀窍

这诀窍听起来可能很神奇，但不妨试一试。

当凯蒂娅连续给客人按摩的时候，会感到非常累。当她休息的时候，就躺在按摩床上，想想自己正在享受别人的按摩。这听起来很疯狂，但确实让她感到放松，从而重整旗鼓去面对下一个客人。这是一项我们都在用的方法——尽管我们更喜欢每天享受真正的按摩。

很疯狂，对吧？但值得一试。

▪ 主动去做自我关爱

* **做按摩**。身体接触有助于释放压力。如果可以，至少每隔几个月做一次按摩。或者试试做自我按摩。

* **呼吸放松**。平躺下来，把一只手掌心向下放在心脏位置，另一只手放在腹部。当鼻子吸气和呼气时，全面感受你身体的变化，感受你的紧张和不适。双手互搓，直到手掌发热，然后把手放在不适的位置。如果痛苦是情绪上的，那就把手放在心脏的位置；如果痛苦是精神上的，就把手放在头上，深呼吸五次。

* 背部放松。对我们大多数人来说，紧张一般都会落在背部。以下是一种很好的放松方式：取两条毛巾直立着卷起来，形成一个长卷。躺在上面，让它沿着脊柱方向放置。把胳膊和腿伸展成星形，全情放松，躺 5 ~ 10 分钟，闭上眼睛，深呼吸。

* 把腿搭在墙上。躺在床上，屁股靠在床头板或墙上，然后抬起双腿让它们贴在墙上，双脚朝向天花板。保持这个姿势 5 ~ 10 分钟，这有助于放松疲劳的腿部肌肉，让大脑和神经系统平静下来，非常适合睡前做。

* 全面感受身体放松。坐下来或躺下来，首先把注意力放在呼吸上，然后开始注意你的整个身体和身体紧张收缩的部位，让它们放松。从你的双脚一直感受到头部，穿过身体的每一部位，让它们放松。花点时间，扫描身体的每一个部位，并在每个部位做几次呼吸。在扫描身体的每个部位时想着这些词：我让腿放松下来，我让臀部放松下来，我让背部放松下来，我让双手和双臂放松下来，我让腹部放松下来。往肚子里吸气，轻轻地呼气。我的头感到沉重和放松，我让眼睛放松下来，我的嘴唇和下巴柔软而放松，我的整个身体感到沉重和放松。我身体的每一部位都在放松。

* 网球按摩。如果你的办公椅有靠背，那就最好了。旅行的时候，你也可以把网球带上飞机，这样就可以在长途飞行中做网球按摩。

把一只网球放在你的背部和椅子之间，然后靠在椅子上。在你的肩膀或肩胛骨周围找到一些紧绷的位置，然后用背夹着网球在相应的位置扭动，感觉到那些紧绷的地方逐渐放松。如果你愿意的话，也可以躺在地板上做。

* 下巴按摩。下颌容易变得紧张，按摩可以帮你放松。双手握拳，然后用手关节在耳朵与下巴之间做圆周运动。

* 散步。如果住在城市里，那么每天早些时候散步是最理想的，因为周围人很少的时候，你会更容易感到放松。试着养成散步的习惯，争取每次走 30 ～ 40 分钟。

·心碎时刻·

一个我曾经爱过的人给了我一个满是黑暗的盒子，我花了好几年的时间才明白，这也是一份礼物。

——玛丽·奥利弗

你的心碎时刻可能就发生在最近，除了躺在沙发上单曲循环地听悲伤的歌曲，你不知道自己还能做什么。如果心碎是多年以前的事，那可能不止一次，你也可能在喝了几杯酒之后已经向朋友和家人倾诉过了。也许他们已经建议你去网上约会了，告诉你是时候放下了，而你只想杀了他们。

心碎有各种各样的表现形式和程度。不管怎样，这种感觉很糟糕，你讨厌在不方便的时候跑到厕所去哭。之后，当别人说你看起来也没有变得更好时，你也会同样开始担心这个问题。

首先，不要让悲伤打败你。如果摔断了腿，你需要时间来恢复，对吧？没人会指望你下周就去跑马拉松，石膏会保护你的腿直到骨头痊愈。只有到那时候，你才希望能把石膏去掉，向世界展示你那瘦削、苍白、毛茸茸的腿！但是，我们不会像关怀骨折的骨头一样去关怀心碎的人。

当你敞开心扉去倾诉心碎的事的时候，朋友和家人通常只能在几周时间内听到你的倾诉。一段时间过后，你可能就会觉得不该再把这些东西强塞给他们了。但是，不要被悲伤情绪打倒，或者觉得自己像个失败者。相反，你要把这看作为你的心打上石膏的时候。找一个特定的时间坐下来和悲伤的情绪谈谈，并且真正地感受它们。这并不意味着你这样就不会再被悲伤的感觉笼罩了，而是说，你需要进入那种悲伤，让它穿过你的身体，而不是假装它不存在却让它停留在你的心里。

治愈的时间是不可预测的，治愈时间的长短也不代表感情的深浅。有时候，一段超长的健康的感情几乎不用花任何时间去治愈，而与一个拒绝你的人的短暂感情带来的伤痛却可能让你觉得永远也好不了。这样也没关系，只是去感受一下自己的感觉。

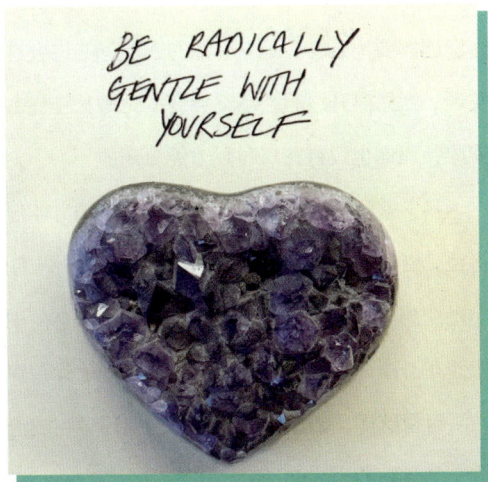

▪ 体验心碎的感觉

分手会带给人一种难以忍受的复杂情绪。

失去一个你设想未来作为伴侣成立家庭的人，会让你难过。他可能是那个你想与之生孩子的人，现在你害怕自己可能这辈子都不会生孩子了。当然你也可能会抱有某些希望：你们还能破镜重圆吗？在某个时刻，你可能会感到愤怒：他们怎么会是这样的人呢？可能还会有愧疚感：也许你会觉得自己对他们不够好，因为你发现了自己的一些缺点。

自我关爱意味着去体验这种感觉，让它们穿过你的身体。如果你假装什么没有发生过，或者试图改变你的感觉，或者在你准备好之前又把自己拉回难过的状态，那你就需要更长的时间来克服。你可能认为自己需要离开伤心地——你的朋友可能也会这样说，然后你可能会发现，当你离开以后，感觉会变得更糟！它只有在该痊愈的时候才会痊愈，而你也只有在那时候才能真正放下。

科学家已经证明，在大脑中，拒绝和身体疼痛会使用相同的物理路径，并在你大脑中触发像戒除某种瘾一样的化学物质。所以，你不是在想象伤痛。被拒绝的人会比从未开始一段关系的人更难恢复，即使在一段短暂的感情中被拒绝，也会让你有点抓狂。

尽管这样，请注意，在体验你的感觉和被淹没在感觉里之间还是有一条微妙的界线的。

■ 心碎的时候做什么

* 一个朋友和她的长期伴侣分手的第二天，和她最好的朋友一起去了水疗中心，她几乎做了所有的项目，然后说自己感觉好多了。对她来说，这个方法昂贵但有效。

* 当你经历困境的时候，每天为自己做一件美好的事。如果你能做一顿可口的饭菜、去散步、独处五分钟、和一个好朋友通个电话、做按摩，都是在支持自己渡过难关。你也可以去报个瑜伽班，去健身房或者出去跑步。

* 试试色彩疗法。我们永远不会想到这一点，直到表妹告诉我们这个非常精彩的分手故事。在和前任男朋友分手后，她选择了一本非常漂亮的涂色书，并花了三个月的时间为一幅画涂色。她会和母亲并排坐在一起，一起涂色，一起谈论她需要讨论的问题。现在，这幅画已经完成了，看起来很不可思议。她用那段时间做了一件让自己骄傲的事情，而且处理好了自己的感情问题，继续前行。

* 重启你的创造力。艺术家和音乐家总是谈论来自心碎的创造力。也许你也可以把悲伤作为一种创造性能量的迸发？选择一门课，学习一些新东西：陶艺或写作。集中能量可以让你远离自己的一些想法，这也是结识新朋友、建立自信的好方法。

* 买一些鼓舞人心的自助类书籍，看看自己怎样才能从这段经历中成长起来。

▪ 心碎的时候不该做什么

*不要在社交媒体上追踪你的前任。你不希望看到他们玩得开心，不论他们是和朋友在一起，还有和那些看起来像他们新欢的人一起。为什么不戒掉社交媒体一个月呢？即使你不去关注前任，封锁他们的消息，你们的共同好友也会标记他们的踪迹，你仍然会看到他们的生活——尽管是精心编辑过的、只有那些美好片段的生活。在痊愈之前，你不需要一直这么做。

* 同样的道理，不要赞美前任在 Instagram 上的照片，也不要在 Twitter 上发布针对他们的信息，或者在社交媒体上编造一个你已经放下这段感情的故事。这都是在浪费精力，而且是不真实的。相反，你要做一些治愈自己的事，花时间在自己身上。

* 不要酒后打电话、发短信或电子邮件。你感到孤独，所以你要通过和前任联系来填补自己的空虚，每到这个时候，你一定会说服自己这是正确的做法，事实上，这肯定不是正确的做法。你的好朋友会阻止你的——听从他们的建议！删除前任的所有电话号码和电子邮件，不要给前任写信说曾经多么美好或者他们错过了什么。

* 不要设计复仇之夜。你在想，我要出去让他们看到我多么漂亮，然后他们会希望我回心转意。但是这样做是没用的。尽力去变漂亮，但是要让自己觉得自己漂亮，而不是为了前任。

* 不要和你的前任睡在一起。那不是复仇，那只是按下你的自毁按钮而已。

* 不要喋喋不休地和你的朋友谈论你的前任。当然，你可以稍微谈论一点，但不要让前任成为你整晚的主要话题。

* 不要责怪自己。有时候分手只是因为时机不对，与个人无关。说不定你还可以从中学会了解自己。记住，在遇见前任之前你过得很好，那么他们离开以后，你一样会过得很好。我们人为创造了这些生活的故事：我们要的完美生活是和伴侣去最喜欢的酒吧、餐厅，或者和伴侣一起散步。但现实是，在你们在一起之前，你就去过这些地方，你还可以继续去。

　　　　纳迪娅：分手后，有一次我路过一个农贸市场，怀念起周末和前男友一起去那里的时光。然后我想起来，我根本就没和他一起去过那个农贸市场。有时候，幻想比现实更强大。

■ "剪掉领带"——切断情感联系

　　当然不是真的拿剪刀剪掉他的领带。这是一种仪式，剪断领带是象征性地切断你与前任的情感联系，这样你就可以在没有他们的情况下继续自己的生活。这听起来有点邪恶，但是并无害处——而且很简单。

有些人会害怕这样做，会担心这个人以后就和自己毫无关系了。

尽管可能会发生这种情况，这种关系仍然会以更健康的方式展开，也许是友谊。

这种仪式需要带着善意来做，而不是出于仇恨和愤怒。安静地坐下来，大声地说："属于我的，都还给我；属于你的，都还给你。我用爱把你送走。"看着连接着你们俩的线，想象着轻轻地把它剪断。

就这样吧！

松露油菠菜豌豆汤

这是麦克斯阿姨做的汤，她每个星期五晚上都会做。我在她的食谱里加入了松露油，因为我发现它会增添一种泥土的芬芳。我承认用松露油很奢侈，但是它的保质期长，适合放在橱柜里。也可以试着用煎蛋剩下的油。用这种汤搭配烤南瓜，或与撒一层帕尔马干酪的意大利面搭配食用，味道都不错。

用大平底锅加热橄榄油，加入切碎的韭菜，炒至柔软甘甜，大约需要8分钟。

加入菠菜，炒至叶子变软，加入豌豆、汤料、盐和胡椒，烧开，炖5分钟。

把锅从火上拿开，进行搅拌。如果用手持搅拌器，你可以直接在锅里搅拌；如果用的是搅拌机，那么你需要先把汤冷却，再放入搅拌机。

搅拌均匀后，将汤分成5碗，淋上少许松露油，每份不超过1/2茶匙，也可以根据自己的口味调整。

配料（5人份）

2汤匙橄榄油

一点韭菜，切碎

200克菠菜叶

300克豌豆（冷冻豌豆也可）

750毫升蔬菜汤

1/2茶匙盐

少量黑胡椒

2茶匙半松露油

酸奶辣椒酱红薯饼

我喜欢吃这个，我的孩子们也喜欢，当我给别人做的时候，会多做一些留给自己。当你煎饼的时候，上面的玉米会变焦，我最喜欢吃那种味道。一次做很多的话，可以用塑料保鲜膜包裹，用烘焙纸分开冷冻。再吃的时候，室温下解冻，然后放烤箱里加热10～15分钟即可。

将烤箱预热到190摄氏度。

把红薯洗干净后，用叉子或刀戳几个洞，这样有助于它整体烤熟。在烤箱里烤大约1个小时，直到糖从红薯表面渗出并略微变焦。

与此同时，把葱和尖椒用1汤匙橄榄油低油温炒至变软。

将甘蓝叶放沸水中煮1分钟，沥干水分后，将多余水分挤出。将甘蓝叶、玉米、葱、尖椒、杏仁粉、盐和柠檬皮在大碗中混合。

配料（约12个饼）

1个红薯（约400克）

1把葱（约100克），切碎

1个红尖椒，去籽，切碎

3汤匙橄榄油（也可更多）

200克羽衣甘蓝，只要叶

1罐340克装玉米罐头，控干水分

100克杏仁粉

1个柠檬的皮

1/2茶匙盐

2个鸡蛋

3汤匙中筋面粉（你可以用任何面粉代替，我用的是标准原料）

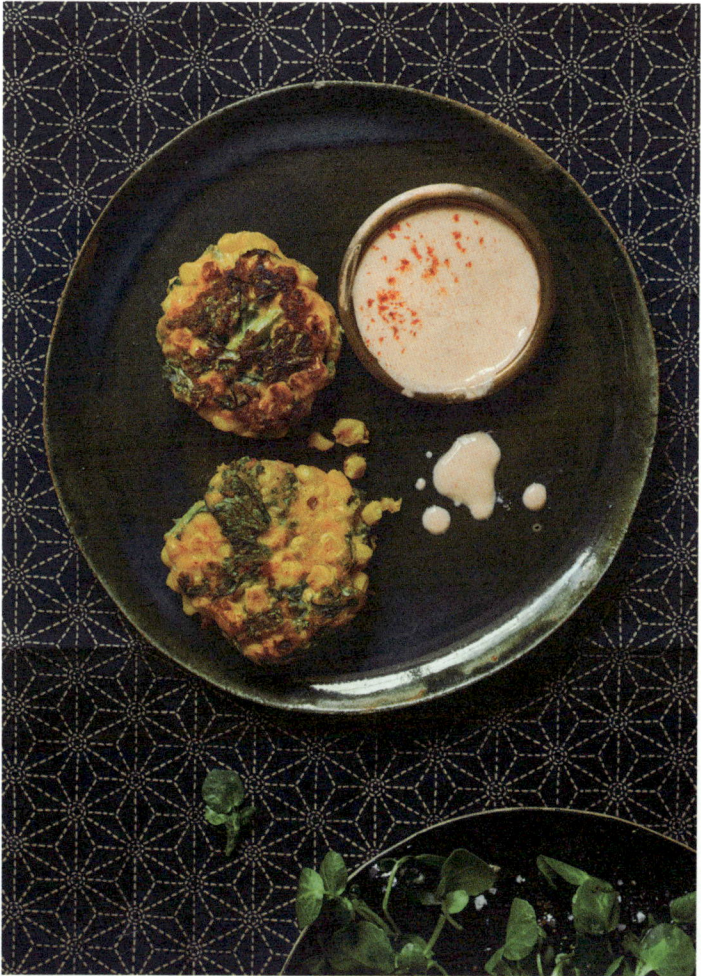

红薯烤好后，将黄瓤取出捣碎，加入大碗中。另取小碗，把鸡蛋打散，然后将面粉和剩余原料一起加入。将所有混合物揉匀，盛大约 2 汤匙做成小饼备用。

将所有材料混合。

将剩余的橄榄油放大煎锅中加热。中温将小饼煎熟，每面大约煎 4 分钟，直至饼面变成金黄色。翻面时要小心，整张饼很容易散掉。

每锅小饼煎完后，要用厨房用纸把锅擦净再放油。

每人 3 块小饼，配上酸奶辣酱或 1 份绿色沙拉。

酸奶辣酱配料

75 克酸奶

1/4 茶匙烟熏辣椒粉

1/2 个柠檬的汁

少量盐

佛碗

在我们的咖啡厅，佛碗是最受欢迎的食物之一。它是传统的僧侣救济品。佛教僧侣曾经挨家挨户地接受馈赠的食物，叫作"化缘"——代表扔掉了厄运——当人们把食物扔到碗里时，僧侣们把所有食物混在一起吃。

要是自己做佛碗，我们建议先从碗中的谷物或面条开始，再加入其他三四种东西，再多可能就喧宾夺主了。

最好在你的佛碗里放一种海菜或发酵的东西，以及多种蔬菜。设想一下佛碗的色彩，相比单一色彩的乏味，你肯定希望它色彩缤纷。你不用因此成为素食主义者，可以在佛碗内放几种精美的鱼片。

当佛碗做完后，一定要确保碗里和碗边都干净，让它整体看起来精美、整洁。我喜欢在周末做沙拉或砂锅菜，所以会提前一周在冰箱里备好做佛碗用的所有原料，然后在吃之前加入牛

配料（4 碗量）

200 克藜麦，煮熟，冷藏

4 汤匙野生绿色调味酱（见第 40 页）

1 个牛油果

1 罐发酵卷心菜（一种德国泡菜）

4 汤匙甜菜根酱

60 克烤南瓜子

甘蓝沙拉配料

1 包甘蓝叶（209 克），切碎

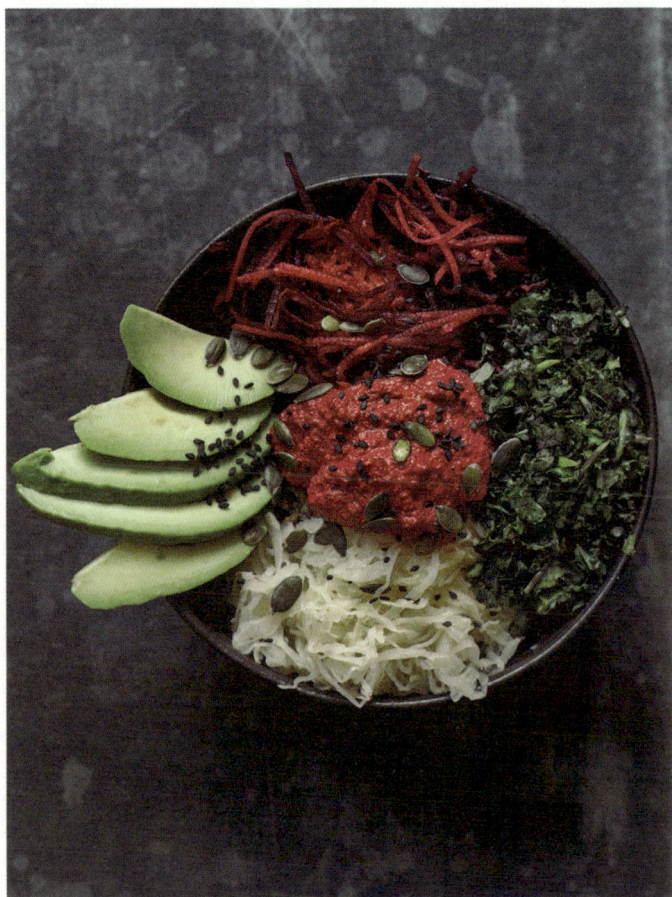

油果。

把煮熟的藜麦与野生绿色调味酱混合在一起。

把甘蓝沙拉的调味料放入碗中，加入甘蓝叶，用手揉搓使甘蓝变软、变光泽。

然后将胡萝卜和甜菜根沙拉的调味料放入碗中，加入切碎的胡萝卜和甜菜根。

最后，把牛油果切成两半，再各切成两半，轻轻地把皮去掉，然后每块牛油果以一个角度切成3块。

现在开始装佛碗。把藜麦分成4碗，这是你的谷物和每碗的中心内容。在它的边上平均放入胡萝卜和甘蓝沙拉，加入同样分量的发酵卷心菜。将牛油果垂直放在碗边——这样它们就是直立的，而不是平躺着的（如图）。

在每个碗的中央放1汤匙的甜菜根酱，上面撒上一些烤好的南瓜子。

调味料

2 茶匙酱油

1 汤匙香油

1 茶匙米醋

1 个酸橙的汁

胡萝卜和甜菜根沙拉配料

1 块生甜菜根，去皮，切碎

2 根大个儿胡萝卜，去皮，切碎

调味料

1 个橙子的汁

50 毫升橄榄油

75 毫升红酒醋

1/4 茶匙盐

1/4 茶匙黑胡椒

玫瑰奇亚籽隔夜燕麦

配料（3人份）

130 克燕麦

2 汤匙奇亚籽

330 毫升燕麦奶（可选牛奶代替）

2 茶匙蜂蜜

少量盐

少量肉桂粉

1 茶匙香草精

1 个酸橙的皮

2 个豆蔻夹的籽，研磨成粉（或少量研磨好的）

1/2 茶匙玫瑰水

建议添加的配料

切碎的开心果

南瓜子或烤杏仁

干玫瑰花瓣

这道菜，是受了我最喜欢的厨师之一塞布丽娜·加尤尔的启发。在她的书里，她用玫瑰水和小豆蔻做了一种米饭布丁，我想用这些味道把隔夜的燕麦变成一种特别的东西。这一餐点很适合在周末做，这样你就可以提前为忙碌的日子准备好早餐了。

将燕麦和奇亚籽混合到一个碗里，然后倒入燕麦牛奶，搅拌均匀，确保奇亚籽不会结块。加入剩下的配料，搅拌均匀。

把碗盖好，放在冰箱里过夜。第二天早上，燕麦就会变得浓稠。

在吃之前，先把一些碎的开心果、南瓜子、烤杏仁和玫瑰花瓣撒在上面做点缀。

隔夜燕麦可以在冰箱里保存四天。

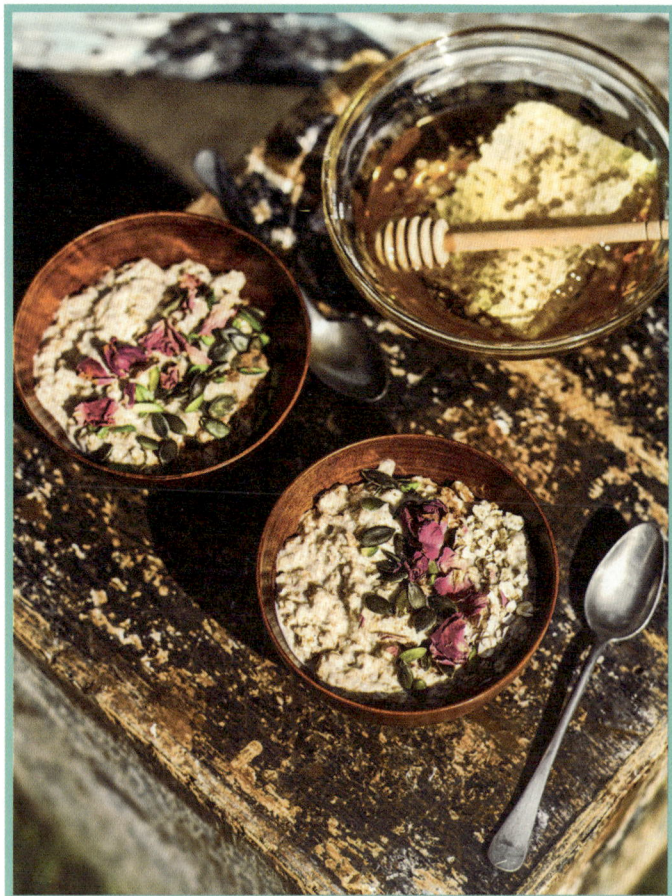

·失你所爱·

要知道，有一天你的痛苦会变成治愈你的良药。

——鲁米

失去一个所爱的人就像失去了一线光明。这将是一段无法逃避的痛苦时光。你无法预知悲伤是如何影响你的，直到你真切地感受到它是如何出乎意料地伤害你的，就在你自认为已经做得很好的时候。而你需要做的就是为这些情绪创造一个空间。一旦你明白了这一点，事情就好办多了。

允许自己变得脆弱，允许自己去寻求帮助。我们希望你身边的家人和朋友会帮助你，但是他们很难了解你的真实感受，因为你还要表现出某种工作状态，你不想在其他悲伤的人面前崩溃，或者你必须在孩子们面前收起脆弱。

* 也许花点钱和时间去找一个丧亲顾问是个不错的想法，你可以马上就去。他们经过专业的训练，可以帮你度过悲伤的时刻。我们的目标并不是从失去亲人的痛苦中恢复过来，而是把丧亲之痛编织在你的生活中，使它不要像此刻那样看起来巨大，千疮百孔。

* 找到能够支撑你的一些人，你可以和那些同样失去伴侣或爱人的人交流。悲伤需要外界的支持。丧亲之痛把人们扔下了悬崖，但其他人可以给你资源和支持，让你更好地处理这件事。

* 要知道每个人对悲伤的反应是不同的。既然你不知道悲伤是如何打击你的，那么就要善待自己，尊重它，不要试图匆忙地度过这个过程。当我们的父亲去世时，我们是用完全不同的方式处理的。

凯蒂娅：在父亲去世几周后，有一天夜里我醒来，直挺挺地坐着，号啕大哭。我没有时间和空间去悲伤了，因为我刚刚发现自己怀孕了。

纳迪娅：当我们整理父亲的遗物时，就像在整理他的一生，我几乎没哭。但一回到家，我就会时不时不由自主地大哭起来。有时候会哭到停不下来，这太不像我了。这种情况持续了三个月，几乎每天都是如此。

■ 立刻对自己好一点

毫无疑问，这是你每天都该对自己好一点的时刻。我们给你的最主要的建议是，现在是时候提升你的自我关爱等级了。即使你感觉自己无法应付，这也不是让所有事情崩溃的时候。你需要每天至少做一件对自己好的事，无论多么小。

一旦你做到了，就试着多做一件。

当你为自己做一件好事时，重要的是要注意到你正在做这件事。有意识地对自己说，我要为自己做件事。这会传递出一个信息：你是被优先考虑的。

■ 触摸疗法

当情感上的痛苦真的很糟糕时，你可能不想谈论它，甚至不能去谈论它，这样一来，你的所有坏情绪就会被困在你的身体里。这就是为什么在悲伤的时候，按摩这种触摸疗法是值得优先考虑的。除了增强你的免疫力外，触摸疗法还有助于缓解压力、焦虑和抑郁。

也许你不相信情绪会出现在你的身体里？倾听你的身体，你会感觉到你的思想和你的身体并不是分开的，因为当不好的事情发生时，它们会直接影响你的胃。当你感觉紧张的时候，胸口和胃也会觉得紧张。你的整个身体都体验着你的感受。

在现实社会中，我们往往会忽视或排斥愤怒、悲伤的情绪。

我们认为，表现出愤怒和悲伤是不对的、不恰当的、不礼貌的，所以就不去处理它们。孩子们很聪明，因为他们可以哭，也可以发脾气，然后就可以结束困扰他们的事情。不要忽视我们的感觉，即使它们并不令人感到方便或舒适。当我们处理自己的感觉时，也能帮助我们将身体纳入其中。

如果你不想做按摩，那么能让别人给你按按脚吗？或者剪一下指甲、吹干头发？沉浸在悲伤之中的时候，你可能觉得这些想法都是肤浅的放纵，但试一试，你就会惊讶于它的作用。

- 难过时可以尝试的事

  * 为逝去的人设一个祭坛或神龛。这看起来可能有点病态，但它只是一种表现形式，来证明这个人对你来说多么特别。你不需要把祭坛当成宗教性质的东西，只要找到一个可以放置对你或你正悼念的人有意义的图片和物品的地方。当你身处祭坛旁的时候，去和那个人交谈，就好像他在那儿一样，因为即使他离开了，你们的关系仍在继续。

  * 和关心你的人在一起。当你感到悲伤的时候，你需要合适的人在你周围。这些人是信任、了解和爱你的人，他们让你感到安全。

* 专注于拥有优质的睡眠。经常感到悲伤的人很难入睡，所以优先
安排你的睡眠时间（见 247 页）。

* 好好吃饭。花点时间去购买、准备、烹饪新鲜的食物，否则你会
更虚弱。也可以让别人帮你做饭。

* 当别人主动提供帮助的时候，就让他们去做吧。你可能会觉得没
人能像你那样做事，但还是要让别人来帮助你。当别人来帮你的
时候，让他去做一些具体的事情：遛狗、打扫房间、整理衣物、
购物等。总之，让别人来照顾你。

· 身患疾病时 ·

不要因为不能总是保持最佳状态而惩罚自己。

——容·普韦布洛

在现代社会，适当的康复期观念似乎已经消失了，但是，关于"休息与恢复"这一传统观念还是有很多可说的——简单说就是躺在床上休息，而不是回到之前的忙碌状态，假装自己好多了。

当然，你的需求取决于你所患的病，但不论是持续两天的感冒还是长久以来的疾病，把自己逼得太紧、太早康复都不是现在最该做的事。

说到小病，我们并不是说自我关爱会帮你更快康复，但它可以让你更容易应对小病。感冒和流感药物的广告依赖这样一种文化假设，即我们要从症状中获得力量并迅速恢复生活常态，当然这并不意味着在你康复之前就要逃避工作。大多数人似乎都认为，只要我们能走路，就能工作，但通过药物抑制的感冒经常会复发，有时候甚至会引起更糟糕的情况。没有人在生病时还以最佳的状态工作，也许你的身体是在告诉你它更需要的是休息。

所以，如果你不是在最佳状态，我们会允许你待在床上，给自己时间真正地康复和休息。我们希望你早日康复。

▪ 病期保养

几年前，凯蒂娅因为认为自己得了阑尾炎而住进了医院，结果她做了一个相当大的手术，因为她的大肠上有一个肿块，最后，她的部分升结肠被切掉了。

最重要的是，她在医院住了一个星期，甚至在那之后，她又花了整整三个月的时间才恢复健康。在她住院期间，以及在家里康复时，我们对她感觉良好的事情给予了很大的关注，我们意识到自我关爱对她的情绪和恢复产生了多么大的影响。

▪ 该做什么

* 在床上铺上干净的床单，如果可以的话，每隔几天请人帮你换一次床单。当你生病时，干净的床就是天堂。

* 把床上用品全部换掉是不切实际的，那就换一下床单和枕套，甚至只换枕套。增加一个枕头用于不同的坐姿，以此增加床的舒适度。冬天的时候，增加一只热水袋和一条超软的毯子，夏天的时候用薄被子代替羽绒被。

* 穿上干净的睡衣。可爱的柔软的睡衣，你最喜欢的睡衣，舒适的床袜，你最柔软的旧 T 恤，任何让你舒服的东西都可以。

* 使用香薰精油。抗菌茶树精油适合病人，令人镇静的薰衣草精油

和振奋人心的柑橘精油也很好。

* 把你最喜欢的精油放在香氛扩散器中，让房间充满芬芳。

* 在你的枕头上滴几滴薰衣草精油，或者在空气喷雾器中加入几滴茶树精油和薰衣草精油，来替代粗糙的化学气味的清新剂。

* 滴几滴薄荷油在舌头上，或者滴在手上，这会让你精神振奋，感觉更清新。

* 如果病情允许的话，每天洗澡。如果是咳嗽或感冒，需要清理呼吸道的话，每天两次的雾化可以促进痰液流动。

* 如果身体能动，试试恢复性瑜伽，这很有用。因为它可以让你的身体系统进入休息状态，帮助你从过度的压力中恢复过来；如果你不能移动，试试瑜伽休息法，这是一种系统的深度放松技巧，它更像冥想——躺在那里，听着音乐放松大脑。瑜伽休息法有上百款应用，只要找到你最喜欢的就可以了。

* 睡觉。任何时候你想睡就可以睡。尤其是在住院时可能因为噪声、灯光和人声鼎沸而难以入睡，那么回到家里就多睡一点。

* 给自己做一些身体上的接触，无论是足疗、头部和颈部按摩还是轻柔的身体按摩。如果你在床上躺了很长时间，这种方式尤其有用，而且对你的免疫系统很有帮助。

* 如果还有其他需要，记得求助于他人。

- 不该做什么

  * 长时间看电视或电脑。也许坐在床上玩电脑会感觉很奢侈，但不利于休息。因为在观看这些节目时，你的大脑会活跃，神经系统也会被激活。适当的休息有助于身体的康复。

  * 让太多人来看你。你一定不希望看到那些带给你负担、吵闹不停和喋喋不休地询问你的人。如果这听起来像你孩子的做法（说实话，听起来像大多数孩子的做法），你能让别人来照顾他们，然后自己去休息吗？只让那些想要帮助你的人而不是那些觉得自己应该来的人来。而且，不要一下子来太多的人。

  * 检查工作邮件。你病了，这并不是你的责任。你的老板会希望你尽快康复，如果你给自己太大的负担，康复过程就会变慢。在重要的家庭和工作问题上，要确保有人能在你不方便时帮你负责。

- 冥想康复法

  有一种简单却很强大的自我康复冥想方法，只要有需要，你就可以做。在最初感受到疾病症状时，这种方法尤其有效，如果你频繁使用这种方法，集中注意力，那么它也适用于病情确诊以后的康复阶段。

  如果你有几分钟的闲暇时间，尤其是可以把冥想作为晚上睡觉之前的最后一件事或起床前的第一件事时，用冥想意识来填满你的身体。方法如下：

平躺：平躺，闭上眼睛。

放松：放松身体，让脚下的土地支撑着你。

专注：专注于身体的每一个器官，想象一下痊愈的能量和光覆盖了那个器官。感谢每一个器官，感谢你的肝脏、心脏、肺脏等，感谢它们为你做的所有事情。

填满：从你的脚趾到头顶，用轻松和平静的感觉填满整个身体。向你的整个生命表达感激和治愈。

▪ 康复浴

在一天结束时，舒服地洗个澡是一种很好的放松方式，也能保证你有一晚上的好睡眠。你可以用一些简单的添加物将一次普通淋浴变成一次康复浴。我们并不是说这些康复浴可以治愈严重的疾病，但希望它能让你感觉好一点，这是我们最喜欢的做法。

睡前洗澡。泻盐含有大量的镁，非常适合睡前洗澡用。因为它们可以放松肌肉，让你做好睡前准备。不需要太多钱，你可以在网上订购 5000 克装的泻盐，然后倒入浴缸旁边的玻璃瓶里，它们可以保存几个月的时间。每次洗澡用一杯即可。

放松浴。在一个大罐中放入一汤匙的牛奶，加入三四滴薰衣草精

油和洋甘菊精油，把盖子盖好，在进入浴盆之前摇匀。与牛奶混合可以使精油在你沐浴的时候更均匀地散开，而不是漂浮在水面上。当然，如果你喜欢，也可以直接在水中加入精油。

舒缓皮肤浴。这种方式对湿疹、蚊虫叮咬和轻度晒伤等炎症都有一定的治疗作用。拿几把燕麦片，把它们放在棉布方巾或袜子内，绑好系紧。把这包燕麦片绑在水龙头上，然后让浴盆的水没过它。如果为了舒缓有炎症的皮肤，可以添加一滴薰衣草精油。

消毒浴。苹果醋有很好的消毒作用。在你的浴盆里加入一两杯苹果醋，这有利于在艰难的一天结束时清理你的身体，让你精力充沛。如果你被人群包围或者感觉困难，就把这次消毒浴看成清理你的情绪和身体的过程。

缓解肌肉疼痛。在浴盆里加入五滴迷迭香精油和一杯泻盐。

·怎样才能感觉更平静·

* 审视自己。注意自己的感受。每天都做这件事，可能的话，每天多做几次。

* 问问自己：平静对你来说是什么感觉？你可以试着既能在有压力时感受它，也能在轻松的时候感受它吗？

* 你什么时候觉得自己不平静？你能通过什么来改变？

* 现在做什么能让你在生活中感到更平静？

* 问问自己：此时此刻，平静的感觉是怎样的？

* 做一件让你感到平静的事。

将更多的快乐融入生活

快乐是最好的化妆品。

————安妮·拉莫特

真正的持久的快乐来自与你是谁、你为什么会在这里这二者的平衡。你不会从购物、获得或做事中得到快乐，而是从你自己这里找到快乐。当然，你可以在朋友、家人和伴侣那里获得快乐，但重要的是，真正的快乐并不依赖外部事件、人或事物。

我们想通过设定界限、越过所有情绪向你展示如何通过自我关爱获得快乐，不论处境多么黑暗，都确保你不会把自己逼得太紧。

快乐会改变你对发生在自己身上的一切的看法。它会影响你的行为，让世界看起来更美好。

与内心的快乐相连，可以真正改变你的生活。

·交往中的自我关爱·

世界上到处都是善良的人，如果你找不到，那么就去做个善良的人吧。

——鲁米

对自己的感觉越差，内心的快乐就会越少，你就越可能和错误的人建立关系。当我们感觉低落的时候，往往会倾向于寻找那些与自己同病相怜的人，而不是寻找一个能够唤起最好的我们的人。

当你挖掘自己快乐的感觉的时候，就更有可能吸引那些与之共鸣的人。培养自己的快乐感，让你在任何关系中都能成为最好的自己。

良好的关系对你来说意味着什么？是和支持你的人或你支持的人在一起吗？是那些可以让你笑的人吗？我们认为，最好的关系是，当你状态不佳时会提醒你，即便这样也会爱你的人。

在这里，我们并不是为了给你提供找到理想男人或女人的秘诀。那取决于你自己。我们更关心的是你在自我关爱，无论你是否处于恋爱之中。

■ 照顾好你们的关系

一段关系就像有生命的东西，需要定期地关注和滋养，而不仅仅是像你记起约会之夜那样偶尔为之。记住，相互怨恨和衡量即便不会立刻破坏一段关系，最终也会导致破坏的结果。这适用于所有的关系，而不仅仅是浪漫关系，然而我们在这一节中主要讨论的是与伴侣的关系。

随着时间的推移，人很容易在恋爱关系中变得自满，而且有时候会觉得浪漫已经消失殆尽。尝试用以下想法来巩固你的关系吧（你可能已经这样做了）。

* 确保你们有合适的时间在一起。当你们既没时间打电话也不能一起看电视的时候，试着在日程表里安排一个固定的约会之夜。

* 当你回到家的时候，你知道你的狗狗多兴奋吗？这种被欢迎的感觉很爽，对吗？那么，当你爱的人回家时，你也能如此开心吗？让他知道，对于他回家，你是多么高兴。

* 即使你很生气（特别是在很生气的时候），你们也要相互尊重，宽容彼此。

* 给彼此一些空间去做自己，做一些让彼此都开心的事，无论是遵从自己的爱好还是和朋友一起。你们需要独立的空间，如果有孩子，更需要有陪伴孩子以外的独立空间。

* 为对方做一些体贴的事。想想你的伴侣需要什么或者做什么能

让他开心。不必是什么昂贵的礼物。对一些人来说，早上起来床头的一杯茶就已经足够令人开心。在你伴侣很忙或者回家晚的日子，你来负责收拾、打扫和做饭。不要等特殊的时机才表现出爱的姿态，无论这爱的姿态是大是小。

* 即使你们在一起很长时间了，也不要以为你完全知道伴侣的想法，要多问。

* 另一方面也是如此，也不要假设他知道你想要什么。人们之间不会有什么心灵感应。如果有什么事困扰着你，就要说出来。

* 在一段长期的恋爱关系中，性可能成为关系紧张的根源。你必须找到一种方式，确保你们都能满足自己的需求。

* 用彼此喜欢的方式和对方说话。

纳迪娅：在我的孕期瑜伽课上，做过一次两人一组的呼吸练习。一个人把自己的手放在另一个人的背上，帮助他根据对方背部起伏来感觉对方是否正在深呼吸。

当两个不认识的女人在一起时，她们会给彼此大大的微笑和好听的话语，比如"能不能深呼吸，就像这样"。但是情侣们可能就会互相攻击，而且是针对他们希望对方深呼吸的地方。即使在你有压力或是生气的时候，也要试着和你的伴侣友善交谈，希望他们也会这样与你相处，这是一个好的习惯。

凯蒂娅：我的丈夫凯西知道我早上不爱起床，所以他每天早上和孩子们一起吃早餐，然后给我端一杯茶放在床边。这是一件小事，但是它时刻提醒我自己有个好丈夫。他深信，妻子幸福，生活就会幸福。

■ 慈爱冥想

慈爱冥想是一种为自己和他人指引良好愿望、仁慈和友谊的实践。它可以消除感情中累积的负面情绪,改变你对伴侣和自己的感觉。它同样适用于你和朋友、同事以及家人之间。

1. 先把注意力放在自己身上,然后默念三次下面这些话:

愿我平安。愿我身体健康。愿我快乐。愿我得到平静。

2. 接下来,想想你爱的人,想想那种简单而快乐的关系。自己重复以下内容:

愿你平安。愿你身体健康。愿你快乐。愿你得到平静。

3. 接下来,想一个与你关系不远不近的人,可能是你每天都能见到的,但是彼此关系不是很近,就像你在当地咖啡店或者上班路上看到的人。在心中默念这些话,引导你的爱善待他们。

4. 现在重复同样的词,但是念给那些让你感觉很难相处的人。可能是工作上因小事闹得不开心的同事,或是曾经争吵过的朋友。

一开始可能会感觉有点困难。如果你感到生气,那就给自己一点时间,看看你是否能观察和改变自己的感觉。

5. 把你的爱和仁慈扩展到所有人身上(真正意义上的所有人,哪怕是那个让你大为光火的人)。

愿你们平安。愿你们身体健康。愿你们快乐。愿你们都能得到平静。

■ 放下怨恨

大多数人都有很多为伴侣而感到苦恼的事。我们都知道，有时候哪怕是最小的事也会引起最严重的争吵。

这种感觉可能就像你让自己的伴侣去捡他们的脏袜子，他们却没捡一样。但是你会感觉自己被忽视了，结果一双丢在地上的袜子导致了一场人身攻击。

所以，你最好去想你的伴侣做过的那些你喜欢的事，而不是去想那些他做的你不喜欢的事。袜子可能还没有被捡起来，但是你要接受现状，别让自己被怨恨的情绪填满，这是一种自我关爱。

这并不是说，在你本应该被善待的感情中，你的伴侣所做的不尊重行为都可以得到原谅，而是说，要在小烦恼中找到让自己感觉更好、更平和的处理办法，这也会让你们的关系变得更好。所以，当挑剔出现的时候，停下来想一想：

＊你们刚开始谈恋爱的时候，地板上的袜子会让你烦恼吗？

＊你明确地说出你想要什么了吗？你说过类似"我可以说吗，这事儿真的让我很恼火"的话吗？

＊你是一个坚持自己做事方式的完美主义者吗？这是一个像宏伟计划一样大的事吗？你是不是需要放手？

＊当你因为袜子之类的事情生气时，请提醒自己。把你的愤怒放下，去想你的伴侣做过的那些让你惊艳的事情。

＊看看你是否能够放下怨恨。

蔬菜卷

这些米纸卷看起来很复杂，但实际上很好操作。一旦掌握了卷动的诀窍，你就可以用你想要的任何东西作为原料混在一起，可以是剩下的鸡肉、鱼肉，也可以是生蔬菜切片。

如果在超市里买不到米纸，那么你绝对值得去网上购买，因为这种东西可以在橱柜里保存数年之久。

这种蔬菜卷做完后很快就会变干，所以最好在几个小时内吃完。

把煮好的面条与酱油和香油混合，放置一旁。

把酸橙汁、尖椒和大蒜混合在一起做成酱汁。我是用搅拌机搅拌的，但是注意不要过度搅拌，要让酱汁有点颗粒物。加入剩下的配料，如果感觉酱汁太浓，可以加少许水。

现在，开始准备卷。

用平底锅从水龙头那里接些热水，小心地把一张米纸放在水中，然后移

配料（10份）

250克煮熟的面条（通常是米粉，当然，你有哪种就放哪种）

1汤匙酱油或淡酱油

1茶匙香油

20张米纸

1个牛油果，去皮去核，切成薄片

1大根黄瓜，切成细丝

适量薄荷叶

少量嫩菠菜叶

2汤匙黑芝麻、白芝麻混合物

动几秒钟，直至其软化。你既不希望米纸太硬而难以折叠，也不希望它软塌塌的。你可能需要多尝试几次才能找到最好的状态。

把浸泡过的米纸放在茶巾上，去掉一些水，然后把它平铺在砧板上，把所有的原料放在旁边。

将第一层材料整齐放在软米纸中间，铺平，按照以下顺序：2片牛油果挨着放，上面放2根黄瓜丝，加入一小把煮熟的面条，紧随其后的是3片薄荷叶，最后是5～8片嫩菠菜叶。

用你的手把材料做成一个紧的椭圆状物，沿米纸边开始折叠，然后从底部卷起来（如果不明确怎么弄，参照配图）。

在另一张泡软的米纸上撒上一些芝麻。把第一个卷放在第二张米纸中央，再用之前同样的方法重新卷起。芝麻会在米纸上呈现出来，看起来很漂亮。以此类推做十个同样的卷。

如果你赶时间的话，就不用卷第二层。

边上配上花生酱，就可以了。

酱汁配料

1个酸橙，榨汁

1/2个红尖椒，去籽，切碎

1瓣大蒜，粗切

3汤匙花生油

2汤匙橄榄油

3汤匙水

2茶匙酱油

1茶匙香油

甜菜根酱

这是我在十三年前经营自己的第一家咖啡馆时创造的菜色之一。从那以后，这道菜就一直在菜单中。人们很喜爱这道菜。经过一夜的存放，这道菜会变得口感更加浓郁，所以最好提前一晚做。

你可以把这道菜用在很多方面，比如放在紫菜寿司卷里，可以配黄瓜、牛油果、胡萝卜条、苜蓿吃，也可以配山羊乳酪或菲达芝士吐司，或者配上用牛油果做成开口三明治吃。或者只是简单地用它来蘸胡萝卜和黄瓜吃。

把所有材料放入搅拌机，搅拌均匀。如果你没有高速搅拌机，可能需要在搅拌过程中停下几次来保证所有材料被充分搅拌。

配料（4份）

1 个红辣椒，去籽，粗切

1 块生甜菜根（约175克），去皮，切碎

1/2 个红尖椒，去籽，粗切

4 汤匙苹果醋

1 汤匙枫糖浆

2 汤匙酱油

150 克腰果

浆果香草馅饼

在我经营一家专营生食的咖啡馆时，研制出了这种馅饼。在我并不太想严格节食的日子里，我还是很喜欢这种食物。对于任何有食物不耐受问题的人来说，这都是很好的选择。

将烤箱预热至175摄氏度，然后将馅饼盘用保鲜膜包裹，将烘焙纸摆放于烤盘内。

把所有外皮材料放入食品加工机中搅拌，直到形成有黏性的面团，你可能需要加少量的水使它们有效地融合。将外皮混合物压入碟子或盘子里，沿盘子的边做成馅饼状。

将保鲜膜揭起，将馅饼盘内成型的混合物取出，保持其形状。取下保鲜膜，将馅饼放入烤盘内，烘烤15分钟直至其呈金黄色，注意不要烤焦。从烤箱中取出，待其自然冷却。

在外皮冷却的过程中，开始做香草腰果奶油。将所有的原材料混合在

配料（4到5个直径10厘米的馅饼或1个直径20厘米的馅饼）

外皮配料

125克核桃（浸泡过夜）

125克山核桃（浸泡过夜）

40克切碎的无花果

1个椰枣，去核

少量盐

香草腰果奶油配料

175克腰果（浸泡4个小时）

1/2个香草荚的籽

6汤匙枫糖

6汤匙水（缓慢加入，因为可能不需要那么多）

1滴食用薰衣草油（可选）

顶层配料

400 克混合浆果

干玫瑰花瓣（可选）

干薰衣草花束（可选）

一起，如果有薰衣草油则加入，混合搅拌成奶油状的黏稠度。

把香草腰果奶油放入冷却好的外壳中，如果你喜欢，可以放入浆果和干花作为装饰。

·朋友和家人·

如果你觉得自己开悟了，那就去陪你的家人度过一个星期。

——拉姆·达斯

你无法选择自己出生于什么样的家庭，但你可以选择交什么样的朋友。如果你的家人不能给你所需，你可以在朋友之间建立一个新的更有爱心的家庭。当然，你可能很爱你的家人，但是其实并不太喜欢或想花所有时间和他们在一起。这都没关系。我们都知道，有一段非常亲密的关系是件很幸运的事，无论是和姐妹还是朋友，但是我们和其他家庭成员之间的关系往往并不太好。

为了最好的自我关爱，你所有的人际关系都应该是和谐友爱的，并且有明确的界限。比较而言，脱离与家人的关系会更加困难，友谊规则在这里同样适用：你不愿意从朋友身上拿走的，那么也不要从家庭成员那里拿走。

不同的关系会有不同的需求，你和每个人的关系都会随着时间的推移而改变和发展。学习并注意每一段关系对你的要求以及每段关系给你带来了什么。任何一种关系的能量都应该能让人感觉到它是来回流动的，如果爱和关注的流动只是单向的，那就不算好的自我关爱。如果你不打算回馈，那就不能指望别人会施与。

■ 如何保持你的界限

你是否会因为把朋友或家人放在自己之前而感到内疚？当然，给予别人是很重要的，但是付出太多可能会让你心生怨恨。只付出到让你觉得舒服的程度就好。审视自己，试着在取悦别人和自己的感受之间找到一个完美的界限，如果感觉不好，那么你就知道已经达到极限了。

有时候你没有心情，但是仍然需要为别人付出。在这些时候，你要清楚自己的界限。你可以说，"我很愿意参加你们的聚会，但是我只能待一个小时"或者"我可以星期二帮你搬家，但是明天不行"。

记住，如果你不把朋友、家人或伴侣的问题当成自己的问题，那么对他们反而是最好的支持。保持一定的距离对你和他们都很有帮助。

也许你认识一个人，他总是打电话和你谈论同样的问题，那么他可能在寻求帮助，但是他看起来并没有做任何事情来改变现状。这时你需要做的就是倾听，默默给予支持和关爱，而不是试图想出一个解决方案或者试图解决他们的问题。

如果你无法忍受，听不下去了，那就诚实地告诉他们。你可以说，"我爱你，但我不喜欢这种状态，我现在很难和你继续谈论这件事"。他们也许会很生气，但是你要试着和真实、可靠、能给你真正照顾的人待在一起。

- **交友指南**

　　为了练习自我关爱，有些朋友你要少交，有些朋友你要多交。你的生活中有这些人吗？

宜多交的朋友

　　聪明的朋友：她是你的后盾，她深得你的信任，她善良，富有感召力。你可以在她面前表现出脆弱而不必担心窘迫。希望你的支撑系统里有一个或多个这样的人，你可以和他们说任何事情，而不必有所保留。要抓住一切机会和他们在一起。

　　让你开心的朋友：她是个有趣、阳光、聪明的同伴，但当你遇到麻烦的时候，她可能不会在你身边。你知道有她的存在就好。

　　老朋友：如果在孩提时代或十几岁时就有了朋友，那么你足够幸运。她如今可能和你在各方面都完全不同，但是你最长久的朋友往往能够看到最真实的你。身边有一批了解你一生中不同时期的人是非常好的。

适当远离的朋友

　　沉重的朋友：如果你的朋友经历了很多戏剧性的事情，而这些事情对你来说过于沉重了，那么不要恐惧于抽离出来，休整一下。这不是无礼的表现，也不是抛弃他们，而是为了保护自己，不要像你平时那样，在他们的故事中投入太多。

自我毁灭的朋友：有时候，一些朋友的情况非常糟糕，可能是因为酗酒或吸毒。那么你的界限就是做自己认为正确的事。你可以跟他们一起散步，或者在不支持他们破坏性行为的环境中闲逛。如果你不想看到他们，那么你能做的最多的就是通过文字和信息与之保持联系，说你在想他们，你希望他们一切都好，你爱他们，希望他们更好。

不宜结交的朋友

把你置于最后的朋友：如果你是最后一个接到电话或邀请的人，如果见面总是以对方的条件为前提，那么拒绝是完全可以接受的。如果你是他们名单上的最后一员，那么把他们放在你的名单上就不是自我关爱的表现。好朋友应该是平等的。

不友善的朋友：你可能认为与一些人是好朋友，但他们的行为并不能说明这一点。对于那些轻视你、背叛你、不能做你后盾的朋友，果断地说再见！

▪ 你们真的是朋友吗?

如果你想知道是否应该努力和某人成为朋友或保持朋友关系,那么问问自己以下几个问题,如果其中任何一个问题的答案是否定的,那么这个人可能只是你的熟人,而不是你真正的朋友。即使见到他们不会让你感觉糟糕,在感情上对他们进行投资也是不值得的。

*这个人会让你感到振奋和被支持吗?

*在一起不说话,你感觉舒服吗?

*当你有秘密时,你完全信任他吗?

*当你遇到问题时,他会在你身边吗?

*他会激励你吗? 或者你会激励他吗?

*他在听你说的话吗? 真的在听吗?

▪ 如何帮助有需要的人

当不幸发生在朋友和家人身上时,你需要出现在他们身边,但不要以牺牲自己为代价。记住,在帮助别人前,你需要自己先戴上氧气面罩。

*不要因为你自己的生活很美好、他们的生活不好而内疚,风水总是轮流转的。

*分担负重。如果某人因失去亲人、离婚或者生病而需要帮助,那

么为他所有最亲近的人列一个值班表。一些人可以负责带食物，一些人可以做医院的预约，而另外一些人可以单纯地陪他聊天。

* 如果你不能陪在他们身边，一定要让你的朋友知道你在惦记他们，告诉他们不需要回复你，只是用卡片或文字保持联系就好。

* 做一个好的倾听者。倾听是一门艺术，学会倾听并不容易。下次有人向你倾诉的时候，试着去倾听而不是去打断。如果有人正在经历艰难时期，那就不是你分享自己经历的时候。

· 找到你的部落 ·

永远不要怀疑一小群有思想、有决心的人可以改变世界。事
实上，这是唯一改变世界的方式。

——玛格丽特·米德

在佛教传统中，你的部落或和你志趣相投的人被称为你的
sanga。你的部落和你的朋友并不完全等同，虽然可能会有交叉，但
你会通过与你有相似的信仰体系或兴趣来结识你的部落；也许是健康
饮食，做瑜伽，学习哲学，读诗会，女子（男子）俱乐部，等等。寻
找一个部落是一种自我关爱，因为它为你提供了一种原始的归属感，
这是人类最基本的需求。

在初次面对部落的时候，部落里看起来可能并没有像你这样的
人，但是你可能会发现彼此之间有更深层次的联系，不关乎你来自哪
里、你看起来是什么样子，更多的是关于信仰—— 一个类似的道德
准则、思维模式，或是分享的人类经历。

团结的力量比分歧的力量强大。如果你做一些遵从本性的事情，
无论是去一堂陶艺课还是互诚会，都会找到可以帮助你的人。在部落
中，你会觉得可以保持开放、诚恳和脆弱。

也有因特殊情况而形成的部落。这种部落里的人可能是你工作上的朋友或父母的朋友。你们可能没有那么多的共同兴趣，甚至没有共同的观点。但是经常的分享——彼此之间的给予和索取——会使你们之间建立一条纽带，彼此信任。当某个人是你所在部落的一员时，你不会害怕去向他求助，因为你知道你也会为他们做同样的事情。

■ 怎样养护你的部落

* 经常相聚。随着年龄的增长和生活带来的更多责任，聚在一起会变得更加困难。一个月计划一次聚会，或者至少每几个月见一次，否则你们会忙到永远见不到对方。

* 如果不花时间在一起，你们就不会知道彼此的生活中都发生了些什么，那么你将失去这至关重要的试金石。即使将来你有了孩子、升职或者搬家，能够被人记起也是一件美好的事情。

* 真正地倾听。你是不是太急于讲自己的故事？有意识地不和任何人说话，不要打断别人。保持你正在倾听的状态，这样你也会被倾听。

* 拥有可以回忆的经历。选择一起吃饭而不是去酒吧，这样你们可以安静地聊天。

* 和一个只有女人的团体（如果你是女人）或只有男人的团体（如果你是男人）一起出去玩。我们并非在谈论纯男或纯女派对。然而纯男和纯女聚会已经延续几个世纪了。他们为女性和男性提供了一个完全展现自我的机会，并能够解决只影响到他们的问题。

* 接受和给予。乐于请求并接受帮助。有机会帮助别人，感觉会很好，这也会巩固成员之间的关系。

▪ 如何与新部落建立联系

你的爱好是什么？什么事会激怒你？你喜欢做什么？什么让你感觉良好？也许你已经找到了对烹饪、瑜伽或徒步旅行的热情，但你的家人和朋友志不在此。你不能强迫别人去做你喜欢的事。

有时候你需要走出家门，找到那些和你有同样爱好的人。不要光在网上寻找。下面会指导你在现实生活中如何做：

* 找到喜欢你所做的事情的人。可以是烹饪课或者当地的理事会，或者是为慈善机构做志愿者。一旦知道它对你来说意味着什么，

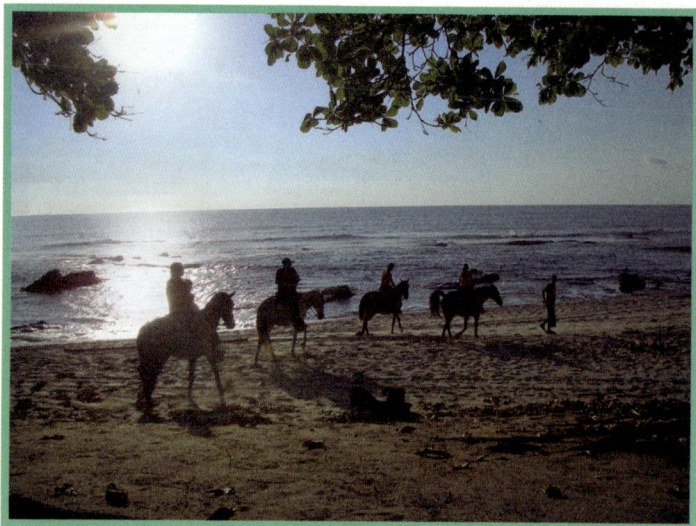

你就会找到一个与你有相似爱好的群体，你会被志同道合的人环绕，从而形成你的部落。

* 久而久之，你就会逐渐了解他们。举个例子，如果你喜欢瑜伽，就会和所在班级的人交谈。然后，你们可以一起去听一场演说，或者预订一个工作间，或者去静修。你们一起做各种活动，这便在彼此之间建立了最牢固的纽带。

* 与团队分享。无论是通过交谈还是通过简单的仪式，确认彼此共享一段经历，都是强有力的方法。

纳迪娅：在瑜伽静修或讲习班结束时，我们做过一段亲密的练习。我们围成了一个圈，每个人在离开前依次分享一些自己对学习或体验的感激之情。然后，每个人拿一根红色的绳子，转向旁边的人，把它系在对方的手腕上。于是，在离开之后，红色的绳子是我们共同的回忆，也是我们共同分享的经历。

·放手就能快乐·

就像树上落下一片叶子，她只是放开手，没有努力，没有挣扎。这不是好事，也不是坏事。这只是事实，事情就是这样。

——欧内斯特·福尔摩斯

你可以做出一个转变你一生的改变：放手。

你自认为是个控制狂吗？你是否每次都很努力地去确定工作、衣着或育儿方法？真的很难做到周全地处理一切。如果你永不放手，那么你能得到的不过是你正在消耗自己的精力。

如果你正在读这篇文章，而你并不是一个控制狂，那么你可能不会明白为什么人们会因为小事而感到压力。但是，如果你是一个控制狂，你会发现，当你的伴侣拿错甜点匙时，你会感觉到体内的每一个细胞都在报警。

不要担心：放手不是不再关心，而是意识到，有些事情已经处理得足够好了，因为你自己足够好。这不是说你不用拼命工作，只是希望你在结果不完美的时候不要自责。

放手的关键是找到一种自我满足感。即使你不完美，人们也会爱你。想想你的朋友：他们的缺点和怪癖可能往往是你最喜欢的。

　　你是否需要在害怕失败的基础上把事情做好？有趣的是，完美主义者经常犯错，因为他们太过努力了。完美主义是快乐的对立面。接受生活的不完美，你就可以放松地去生活了。

　　纳迪娅：我曾经是一个完美主义者，这曾经阻止我做很多事情。我不敢说出来，因为我害怕失败。我需要通过做过的所有事情来证明自己。随着年龄的增长，我渐渐发现自己现在能把很多事做好，仅仅是因为我最初搞砸了它们。

● 如何去原谅（原谅自己）

好吧，或许你表现得很糟糕，你在电话里对妈妈很不礼貌。或许你做了一些令人尴尬的事情，比如给前任发了短信。也许更糟糕，比如泄露了朋友的秘密。在惩罚自己之前，先冷静地处理一下当前的局势。

* 留意那些让你感觉不好的时刻，以及你认为可能是（某种程度上）自己的错误的时刻。

* 问自己：我是不是需要向某人道歉？如果答案是肯定的，那就去道歉。大多数的人都会欣赏真诚的道歉。不要担心那个人最终是否会原谅你——毕竟那不是你可以控制的。

* 弄清楚自己在整个事件中的角色，并思考为什么你会那样表现。不要试图证明你的行为是正确的，只是审视它而已。

* 不要把所有的责任都归咎于别人。

* 给自己一点怜悯——你是不是只是在宣泄恐惧、愤怒或者悲伤？我们都会犯错误，所以，要仁慈，而不是批判。

* 放手。即使没有被原谅，你也需要放手。

■ 学着灵活一点

你可能会发现，在某个特定的区域，焦虑和恐惧会驱使着你，让你无法放手，也许是因为你的家需要时刻保持整洁，或者你无法忍受不能将工作中的所有事情都做好。

生活中的所有事情都不会按照你的预期去发展，这本身并不是问题，这只是人类在这个世界上的经历。问题是你怎样处理这些问题，解决的办法就是减少控制，学会放手。

怎么才能放手呢？首先就要留意你对某一情况或结果过于紧张的状态。

* 请注意你的出发点。如果你为别人做了一顿饭，那么你是出于让每个人都有一次美好的经历，还是出于在结束时得到一个赞美？如果你过分执着于一份恋情，是因为你爱那个人还是想让别人把你看成完美伴侣的一部分？

* 当你感到焦虑或者开始感觉到事情并不全如你所想，或者并非你想做时，要特别注意。

* 一旦你开始注意到这种感觉，就告诉自己"没什么大不了的"。一开始会很困难，但是要坚持不断地提醒自己，直到你开始相信。

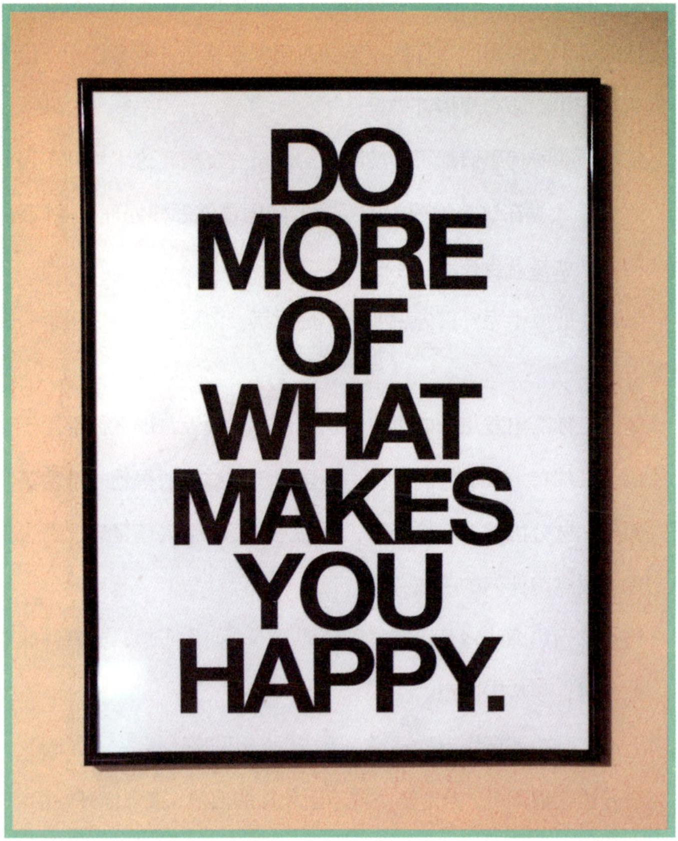
DO
MORE
OF
WHAT
MAKES
YOU
HAPPY.

▪ 做鼓舞人心的人，而不是做传道者

很好，你已经找到了健康生活的方式：一种让你感到充满活力的饮食方式，以及让你感觉强壮的锻炼方式。我们为你感到高兴，但请不要开始向你的朋友和家人说教。不断地谈论你是多么健康、令人惊奇，会让别人觉得自己受到了评判和伤害。幸福不是竞争；每个人都有自己的路。

尤其不要强迫你的伴侣和你一起改变。当你坠入爱河时，也许你们俩习惯一起出去吃晚餐、跳舞，说不定还一起喝醉。现在你想要开始新生活：瑜伽、清洁饮食或吃素、参加铁人三项运动、戒酒。你希望他们也这样做。这公平吗？例如，对你来说，把家里所有的糖都扔掉，是不公平的；对你的伴侣来说，在房间里吸烟也是如此，因为你对此极度厌恶。

如果你晚餐吃了芹菜，喝了一杯加柠檬的热水，千万不要强迫每个人都这么做。（你为什么要那么做？）你完全可以这样做：做美味的食物，告诉人们你更快乐、更健康，但是不要求别人也一定这样做。

当你感觉很好并且看起来状态很好时，人们自然会想要参与进来。

· 如果快乐遥不可及 ·

万物皆有裂痕，那是光透进来的地方。

——莱昂纳德·科恩

偶尔感到情绪低落是很正常的，无论是因为激素水平，还是因为一场疾病或是一件大事后的失落。此外，还有一些你无法控制的触发因素：你在意的一些事情出错了，你感觉工作上失败了，或是新闻的滚动播放势不可当。

当你情绪低落时，练习自我关爱是至关重要的，即使这是你最不想做的事情。尝试去做一些事情，无论多么细微：冥想，走进大自然，吃一些有营养的东西。尝试任何能让你保持忙碌和兴奋的事情，这样你才不会陷入低落的情绪。

我们并不是说要以自我关爱取代健康专家，如医生或治疗师。事实上，我们很推崇治疗，并且会向任何遇到各种问题的人推荐。

但是，你可能也知道，我们喜欢在自我关爱的练习中推荐的一些东西，它们恰恰是医生所建议的一整套改善情绪的生活方式的一部分。自我关爱不是一种治疗方法，但它可以帮你按下恶性循环的暂停键，给你一点空间去呼吸。

情绪低落对不同的人意味着不同的东西：也许你睡得太多或者根本无法入睡。也许你对事情不抱期望或者觉得自己所做的事情没有任何意义。或许你脾气暴躁，或许你担心的更多。

在情绪低落的时候，有一件事几乎是肯定的，那就是，你身在其中，无法看清外面的世界。你可能会有挫败感，你可能不想起床，或者即便起床了，你也对眼前的这一天没有任何热情。

在这些时候，最好的自我关爱可能是，认识到现在悲伤很重要。也许你需要给自己一些时间来愈合，摆脱眼前的困境。如果你关心的人也感到悲伤，你会告诉他们什么呢？

或许情绪低落已经成了你的一种习惯，你总是在等待别人或其他事情来拯救你、改变你，让你最终快乐起来。你能做出什么微小的改变来拯救自己，而不是一直等待别人的拯救吗？

纳迪娅：我以前总是等待改变让自己快乐起来，只知道去渴求自己没有的东西。有三件事情让我发生了变化：每日感恩练习（见 65 ～ 66 页）、每日冥想、每周去见治疗师。在过去的几年里，我一直感觉到快乐和满足，这是快乐和满足在我生命中驻留时间最长的一段时间，没有任何明显的原因。以前情绪低落的时候，我总会想到底什么时候才能摆脱这种感觉。现在我知道了，这种感觉不会持久，一切都会过去的。

▪ 我们为何喜欢心理治疗

心理治疗拥有改变人生的力量，它几乎总能让你在生活中找到更好的立足点。

从治疗室里一个完全陌生的人那里得到的东西，和你从朋友或家人那里得到的支持是完全不同的（尽管那是无价的）。在治疗过程中，你可以一直谈论你自己，不用担心冒犯别人或是让他们感到无聊而让自己难堪。

一个好的治疗师可以帮你从外向内审视生活，并能帮你捕捉到那些你不知道的自己正在想或做的事情。治疗会给你坚定的支持和一种新的与世界连接的方式。

当然，接受治疗并不意味着你有问题，这只是帮你从一个新的角度看待熟悉的事物的方式。

不错，治疗的花费通常都很贵。但是当我们觉得需要治疗时，一定要选择治疗，而不是花钱去买双新鞋或出去玩。事实上，几次治疗就可以产生很大的影响，尤其是当你正在经历人生中的某件大事时。

不过，你要找到最适合你的治疗师。最好有人能给你推荐治疗师，如果没有，那就多找几个，然后从中找到适合你的。

以前人们在遇到问题时可能会去找他们的牧师、教士或者村长；求教于治疗师只是一个现代的、世俗的对于存在已久人类问题的解决方法。

不要害怕去寻求帮助。

▪ 摆脱思维定式

　　试着找出一种能让你走出思维定式的方法，这样你就能用更多的视角从外部审视自己。不论你是感觉难过、悲伤还是焦虑，这种方法都很有用。你最好强迫自己这么做，我们保证这样做是值得的。

* 做一些需要集中注意力的事情，这可以让你从思维定式中解脱出来。试着学习一些新的东西，无论是绘画、一种乐器还是一门新的语言。

* 做一些既需要体能又需要注意力的活动，比如滑板、骑马、散步或瑜伽课（或者尝试下一页的瑜伽练习）。

* 看一些喜剧。即使在最愤世嫉俗的情绪中，也能找到足以让你开怀大笑的黑色喜剧。适当大笑可以让你的身体充满快乐的激素，即使是苦笑，也比不笑好。

* 改变风景。去一个新的地方散步，不一定要走得很远，也许只是去一个不同的街区。新的风景和经历会改变你的思维周期，哪怕只是暂时的。

* 始终困在自己的想法中，会让你陷入恶性循环。无论你需要欢笑还是哭泣，都要走出去，去见那些支持你的人，让自己摆脱困境。

■ 静心瑜伽

坐在地上（垫子、瑜伽垫、长枕都可以，只要你喜欢），双腿交叉，后背挺直。

慢慢转动头部三圈，让肩膀放松，让下巴放松，留意颈部和肩膀的紧绷状态。

向相反的方向转头三圈。

身体前屈，双腿交叉，伸展后背，向前伸展手臂。

回归原位，改变双腿交叉位置（右小腿在左小腿上面，反之亦然），然后继续前屈身体。

让手、膝盖与背部保持水平。

弓背，然后轻柔地弯曲脊柱几次，注意身体的感觉。

坐下，臀部坐在脚跟部，然后将身体向前折叠，呈婴儿的卧姿。你可以让前额贴在地上或垫子上。手臂伸直或放在体侧，以最舒服、最放松的姿势休息几秒钟。

臀部紧贴地面，双腿在面前伸直。

将左膝盖弯曲到右侧，将左脚放在右大腿内侧。

保持右腿伸直，双臂向上伸展，然后向前伸展至右脚或脚踝位置，或者将手臂放在右腿旁边。

深呼吸 3 ～ 5 次。

当你吸气时，重回坐姿。

现在伸展你的左腿，弯曲右腿，然后伸展右腿，弯曲左腿。

当你吸气时，重回坐姿。

仰卧，双脚平放于地面，展开度比臀部略宽。将膝盖并拢。

右手放于腹部，左手放在胸前。

慢慢地、稳定地呼吸，吸气时从1数到4，呼气时从1数到4，感受呼吸从腹部上升到胸部。

然后，吸气时从1数到4，呼气时从1数到6。

最后，吸气从1数到4，呼气时从1数到8。

呼吸恢复正常的节奏，然后躺下来，全身放松两分钟。

▪ 阻止思虑的雪球滚落

你知道这是怎么回事：从一个小小的担忧开始，在你意识到之前，你会被巨大的不舒服的想法淹没。可能你必须要和某人进行一场艰难的谈话，你可能会为预想的结果（其中大部分是糟糕的）而紧张数日。如果这次对话比你想象的要容易得多呢？那你就白白浪费了所有的时间和精力。

小小的焦虑会把我们引向另一层更大的焦虑，比如"我感觉很糟糕，我的整个余生都会感受到这种可怕的感觉"。不，你不会的。你要学会管理你的思想。

我们喜欢把你的想法描述成雪球滚下山坡，随着收集了更多的雪而变得越来越大。

停止这一过程的第一步，就是注意到不舒服的想法的出现。深呼吸，看看你能不能在你的想法之间创造一点空间。

问问你自己：这种想法是事实还是我自己的解释？它从何而来？这是不是一个老生常谈的问题？比如，人们总是离开我。

当你发现并审视自己的想法时，让自己回到现实中，而不是待在你的想法创造的世界里。

你已经阻止了雪球滚下去。

▪ 鼻孔交替呼吸练习

这是一种瑜伽呼吸技巧，有助于让心灵平静下来，释放压力。据说它能平衡大脑，当然也能很好地平衡身体、精神和情感。

当你觉得思维不受控制时，试一试吧。

1. 坐在椅子上，双脚放在地上，或者盘腿坐在地板上，靠在垫子上。如果你坐在椅子上，那就脱下鞋子，这样你有助于你更真切地感受到地面。

2. 开始注意你的呼吸，以缓慢平稳的呼吸开始。你可能已经感觉到身体开始放松了。

3. 左手放在左膝上，掌心朝上，食指和拇指指尖触碰。

4. 伸出右手，食指和中指朝向手掌弯曲，用拇指堵住右鼻孔，无名指堵住左鼻孔。

5. 先用拇指轻轻堵住右鼻孔，用左鼻孔呼吸几次。

6. 接下来，松开右鼻孔，用无名指堵住左鼻孔，通过右鼻孔吸气和呼气。

7. 通过右鼻孔吸气，从1数到4，然后堵住右鼻孔，用左鼻孔呼气，从1数到8。

8. 通过左鼻孔吸气，从1数到4，然后堵住左鼻孔，用右鼻孔呼气，从1数到8。

9. 重复整个过程6次，完成后，放下手。

10. 通过两个鼻孔呼吸，静坐几分钟，注意你的感受。

·如何将更多的快乐融入生活·

* 审视自己。注意自己的感受。每天都这样做，如果可以，每天多
  做几次。

* 问问自己：快乐对你来说是什么感觉？上次体验到快乐是什么
  时候？

* 你什么时候会觉得自己和快乐背道而驰？你如何解决这个问题来
  让自己感觉好一点？

* 你现在做什么能让自己更快乐？

* 问问自己：此时此刻快乐是什么感觉？

* 为自己做点事，让自己感受到快乐。

LIGHT

让生命闪耀光芒

当我们让自己的光芒闪耀时，会无意识地给予别人同样的许可。
当我们从自己的恐惧中解放出来时，我们的存在会自动地解放他人。

——玛丽安·威廉姆森《奇迹的进程》

你有没有见过某个朋友似乎内心闪着光？或者某个人眼睛闪烁着光芒？即使是那些羞于谈论灵性的人，也会用光芒来隐喻我们所有人的能量。当你感到充满活力、精力充沛时，每个人都可以看到。另一种描述光芒的方式是你的生命力：在中医里，叫作"气"，在瑜伽中叫"普拉纳"。你的光芒从内到外支撑着你。

当你感到低落或不适时，你的光芒会减弱。如果你不关爱自己，情况就会更加糟糕。比起关注内心，人们往往更关注自己的皮肤护理或着装，但是，内心之光才是对他人吸引力最大的。当你的内心闪耀时，无论你穿什么，人们都能看到你的光芒。

这一章主要讲述如何点燃和培育内在的光芒，无论这是早晨的第一件事还是晚上的最后一件事，也不管是在家里还是在外面。定期检查你的能量，不用非得等到假期或周末这些不那么繁忙的日子才有所行动。如果你一有机会就关注自己的内在能量，那么无论走到哪里，你都能感觉良好。

愿原力与你同在！

· 正确打开每一天 ·

> 每天清晨醒来，我们都有 24 小时崭新的时间生活。这是多
> 么珍贵的礼物啊！我们有能力让这 24 小时给自己和他人带来
> 平和、快乐和幸福。
>
> ——一行禅师《步步安乐行》

你的一天通常是怎么开始的？是不是突然被孩子、一只猫或是一只狗惊醒？你会翻身、拿起手机看新闻还是看 Twitter 或 Instagram？你是否一遍又一遍地按下闹钟的停止按钮？如果是这样的话，你的身体和思想就都是被动的，而不是在一天开始之前就让自己处于良好的状态。

我们想帮助你找到一种方法温和地醒来，并为自己选择如何接近新的一天。以正确的方式开始一天可以让你感到平静、宽松，而不是颠簸、紧张。对你来说，一个好的开始会让你一整天都极具洞察力，这样你就能对发生的事情做出回应，而不仅仅是做出反应。

起床之前：

* 以超快的速度写一份感恩清单。它可以小到你睡过的床，或者大到你头上的屋顶。你甚至可以写下自己觉得有挑战的事情，然后

说"谢谢你给我的教训",或者"谢谢你,现在我知道如何用不同的方式来处理这种困难了"。

* 先从读一本励志书里的一页开始,而不是一觉醒来就沉浸在新闻里。

* 设定一天的目标。想想(或写出)你想让自己拥有怎样的一天。比如,"我要未来的一天充满活力和灵感"。

* 向某人发送有爱的短信。可能是表示感谢的话,或者单纯是"我爱你"。

* 来一个拥抱。这听起来可能有点老土,但无论这个拥抱来自你的狗、猫、伴侣还是孩子,它都会带给你纯粹的快乐。它会提高你的激素水平——爱的激素水平。

* 注意审视自己。你不能在已经注意到自己累了、漫无目的且严重失眠,或者心情沮丧——每个人都会有不愉快的日子——的时候才开始练习自我关爱。如果不去审视自己,你就有可能因为没有处于最佳状态而自责,或怨天尤人。但是,如果注意到了自己的状态,你就能着手解决——你可能通过午餐时间到室外漫步来唤醒自己,或者通过打包一些健康的零食来减少糖分的摄入。你可以降低自己对完成任务的期望值来善待自己。

■ 升级你的早晨

这是一个很长的清单，我们并不是让你立即尝试这一切。不过，尝试其中的某一部分并逐渐养成习惯，你就会发现，它会改变你的一整天。

* 早上喝茶或咖啡之前，喝一杯柠檬水，不但可以补充水分，还能促进消化，调节肝脏的工作状态。

* 设定一个比家里其他人的起床时间早 30 分钟的闹铃。你可以利用这段时间去洗澡，或者做一些运动。你会发现这是你制订计划或富有创造力的最佳时间。等到家里其他人醒来时，你会想，让我们按照计划做吧！

* 冥想 5 ～ 10 分钟。靠着枕头，保持上身直立（避免由于过于舒服而再次睡着）。

* 尝试椰油拔油法。这是传统的阿育吠陀口腔健康疗法，甚至有美白牙齿的功效。做起来很简单：早上醒来去洗手间的时候，在嘴里放 1 茶匙椰子油，让它熔化。一次不要放入太多，否则你可能会想要呕吐。打开水壶，在把水烧开的过程中，让椰子油在你的嘴里打转，充分接触牙齿和牙龈。然后，把椰子油吐到垃圾桶里（不要吐到水槽里，因为它会堵塞管道）。

* 在你的早餐中加入绿色蔬菜，无论是在吐司边上摆菠菜，往奶昔里加甘蓝和菠菜，还是和鸡蛋一起煮芦笋，或者在炒鸡蛋上撒些香菜。

* 唤醒你的脊柱。仰面躺下，右膝抵胸。然后，右膝与胸部转向身
  体的左边，朝向地板方向。左手按住右膝盖，右臂伸直，与肩同
  侧。深呼吸 3 ~ 5 次。另一侧重复这一动作。

* 活动 10 分钟。不管是做几个在瑜伽课上学到的动作、在房子周围
  跳段舞还是绕着街区散步，都可以。你肯定有 10 分钟的时间吧？

▪ 纳迪娅的 5 分钟清晨瑜伽

你可以采用下面这个练习来检查自己的身体状况。

站立，双脚分开。

把手臂从一边挥到另一边，吸气，呼气。

弯曲膝盖，轻轻地跳跃一下，促进血液循环。

将手臂举过头顶。用右手握住左手腕，然后身体向右转，感觉到左边的伸展。

吸气，回到初始位置。

改变方向，用左手握住右手腕，身体向左转。

吸气，回到初始位置，松开手。

将手放在背的下部，胸部挺向空中，拱起背部。

手掌和膝盖支撑身体。吸气，挺胸，坐下来，抬头向上看天花板，让背部凹下去。呼气，弯曲背部，向下看你的腹部。重复 3 次。

伸直双腿，提臀，做下犬式，保持膝盖稍弯曲。轮流屈膝，进行原地踏步。膝盖深屈，抬起屁股，伸展背部。

放松膝盖，把手伸向脚尖。交叉双肘将双腿抱起来，保持膝盖弯曲。从一边到另一边轻微晃动身体，感觉背部的放松。

慢慢地恢复站姿。

手臂向上，置于头顶上方，保持站姿，从 1 数到 4。

手臂放下，呼气 4 次。

重复以上动作 3 次。

整天的感觉都会很棒。

·工作场所的自我关爱·

自我关爱需要遵循三个原则：尊重自己，尊重他人，对自己的行为负责。

——佚名

在工作中，你不仅承受着最后期限和目标的压力，还会承受来自他人的压力。你会在一个由许多不同的人共享的空间里度过一天。除了体验自己的情绪之外，你还得和其他人打交道。

你在工作场所最需要做的自我关爱就是每天早晨审视自己的状态。如果意识到自己是从一种糟糕的情绪中醒来的，也许你可以在到达办公室之前找到解决的方法。如果感到悲伤或者压力很大，你可以请求同事给自己一些独处的空间吗？在遇到别人之前先弄清楚自己的状态，既是为他人着想，也是为自己考虑。

你可能很幸运，拥有出色的同事，但即使在最好的工作环境中，也可能会有人或事触动你的压力按钮。希望我们的想法不仅能帮助你保护你自己的能量，还能帮助你轻松地应对不同的人、不同的压力。

- ■ 在工作中保持头脑清醒

  * 为了缓解工作中一直坐着的状态，在到达办公室之前，试着多活动活动。提前几站下车，或者在自动扶梯上走起来。

  * 如果工作场合适合戴耳机，那么就听一些舒缓的音乐。如果听歌会让你很难集中注意力，那就试试没有歌词的纯音乐。当然，耳机是远离人群的一个标志，所以要小心地使用它们——不要一直戴着它们，否则你会错过周围发生的一切。

  * 买一些压力球（健身球），你可以通过转动两个球让自己平静下来。

  * 在你的桌子上放一盆植物或者鲜花。绿色有助于舒缓情绪。

  * 定期检查你的情绪。你的饮食正常吗？你的饮水量够吗？

  * 下载一个可以提示你什么时候该休息或者能给你一个积极向上的箴言的网络浏览器。

  * 在桌子上放一块水晶：水晶看起来很美丽，而且一般被认为有助于集中精力。

  * 把工作电话丢在办公桌上，午餐时间出去散散步；计划好路线，如果有可能，尝试每天都去不同的地方。

  * 呼吸新鲜空气。在办公室里做到这一点可能会很难，但如果有可能，尽量开窗。

  * 避免吃含有过多碳水化合物的午餐，这会让你感到困倦。

* 多喝水。在桌子上放一壶水，加入一片柠檬或者一滴新鲜的柠檬油（必须是高级的食品级香薰油），口感会非常清爽。

* 保持办公桌干净整洁。

* 尽可能多地使用自然光，或者买一盏盐灯——一种负离子空气净化器。

* 工作时脱掉鞋子，双脚可以直接放在地板上，还可以轻松活动脚趾。那种脚踏实地的感觉很好，这样也有助于保持姿势。

* 每隔一小时左右检查一下你的姿势：坐下来，脚踩在地板上，做几次深呼吸；打开锁骨，下巴朝前，放松下颌。这样可以放松你的肩膀，让肺、消化系统和其他器官正常工作。

* 试着每小时从办公桌旁站起来一次，哪怕只是在办公室里散散步，伸展一下双腿。

* 在手掌上滴一滴柠檬油，或者滴在纸巾上，深吸一口。这对下午4点能量下降状况有所改善，因为气味有助于集中注意力，保持头脑清醒。

■ 避免 "办公室糖" 的陷阱

当你感到无聊时，是不是会注意到办公室里的饼干或同事带来的甜甜圈？可见，我们经常因为倦了、累了而吃这些食物，而不是因为饿了。跟吃东西比起来，也许你更需要的是休息。你可以出去散散步，或者是给朋友打个电话。

如果办公室里的每个人都同意，你能坚持一周甚至一个月不吃糖吗？或者你也可以试试更健康的选择，比如第 228 页的生可可球。

 * 成立一个健康工作午餐俱乐部，每个人都自带一些家常食物，在办公室的厨房里像自助餐一样把它们一一展示出来。不用每天都如此，但可以每个星期五都如此。这样做，你们就会互相激励；你们可以一起锻炼，一起榨果汁，或者做其他对你们有益的事情。

 * 在你的桌子上放一碗新鲜水果。人们可能会取笑你，但他们很快就会享受其中，你自然也会的。

■ 办公室瑜伽

如果你有一间私人办公室，这会很有帮助；如果没有，也值得你一试。

在开始之前，坐在椅子的边缘，把双脚平放在地上，尽可能地挺直脊柱。

深呼吸。

检查你的姿势，确保身体的任何部位都不会有紧张感。

脊椎扭转

手臂放在身体两侧。吸气时，将手臂举过头顶。

呼气，向右扭转，放下手臂，左手放在右膝上，右手放在背后的椅子上。眼睛看向右边的肩膀。

吸气，举起手臂，然后回到起始动作。

呼气，向左扭转，放下手臂，右手放在左膝上，左手放在背后的椅子上。眼睛看向你的左肩。

重复整个动作两次。

肩部伸展 1

坐在椅子上，吸气，举起手臂。

双手十指交叉，手掌朝向天花板。后背前屈，低头，手掌向前伸出。

吸气，起身，手掌向上抬高，朝向天花板。

整个动作重复 3 次。

髋关节伸展

坐在椅子上，左脚平放在地上（左膝弯曲成直角），右脚踝放在左膝上。

右脚脚尖向上，右膝压向地面，双腿与地面呈三角形。

将右肘放在右膝上，左肘放在右脚踝上。

手掌放在一起做祈祷姿势，身体前倾，胸部向前伸展。感受臀部的伸展。

做 5 次呼吸。

换边，在另一边做以上动作。

肩部伸展 2

坐在椅子的边缘，分开双腿，与臀部同宽，双脚牢牢地放在地板上。

身体前屈，双手在背后交叉，呼气，头放在膝盖中间，双手举向天花板。

坚持呼吸 5 次。

松开手臂，慢慢坐直。

收缩和释放

将身体包括脸部的所有肌肉收缩，双手握拳，收紧臀部。

呼气时，用一声叹息来释放所有的压力（伸出舌头，发出一声巨大的吼声或者叹一口气，以获得额外的效果——我们也承认，在开放式办公室里这样做可能太过分了)。

整个动作重复 3 次。

在办公桌上小睡

如果你需要休息一下,就把手机调成飞行模式,然后设置一个 5 ～ 10 分钟后的闹钟(采用温柔的铃声)。

在桌子上放一个枕头(折叠的外套或夹克)。

把椅子往后推一点。

身体前倾,双手叠放在枕头上,前额放在手上。

确保你的肩膀放松,脊椎处于一个舒适的位置,双脚着地。

希望你的老板不会从你身边经过……

▪ 困境下的能量保护罩

当生活中的某件事或某个人让你感到筋疲力尽、消极,而你又真的无法回避时,试着在自己周围创造一层能量保护罩。这听起来有点抽象,但想想看,如果你能感觉到自己的能量会被某种情形耗尽,那么为什么不认为你的能量可以被保护起来呢?

*想象周围有一片金色的阳光保护着你。做几次深呼吸。

*想象一只有保护作用的睡袋,自己进入其中,从头到脚都被包裹

起来。

* 和一个难相处的人接触后要洗手，在棘手的一天结束时要冲凉或沐浴。水拥有强大的作用，尤其是当某人或某物带给你很大压力的时候。

* 抓住你周围的空间，想象自己正在攫取能量，然后把它扔掉（也许应该等到难相处的人离开了再做，这样他们就看不到了）。当你这样做的时候，想象一下把坏的能量从你的指尖轻弹到地面的情形。

* 在一只手掌上滴几滴柠檬油或薄荷油，搓手。鼻子探向掌中，做3次深呼吸。这适合在刚刚逃离拥挤人群或乘坐公共交通工具之后做。

生可可球

这道点心在我的咖啡馆里是最畅销的，甚至供不应求。如果你不想吃普通的饼干和巧克力，那它就是完美的办公室零食。

将甜枣和无花果干放入刚烧开的水中浸泡5分钟。捞出沥干，水留用。

把椰子干和杏仁放入食品料理机里，研磨成细粉，然后加入剩下的所有配料，持续搅拌到所有配料混合均匀。

慢慢加入无花果干和水，每次加一汤匙水，继续混合，直到和成一个非常黏的面团，在料理机里形成一个圆球。

将黏稠的混合物做成核桃大小的球。

将生可可粉、椰蓉和芝麻放在三个不同的碗里，将制作好的小球分别放在碗里滚动，使粉均匀地粘在表面——你可以只粘一种，也可以把三种混在一起，这样看起来更可爱。

将小球放在盘子里，盖上保鲜膜，

配料（大约制作30个）

6个甜枣，去核

8个无花果干

75克椰子干

110克杏仁

3汤匙杏仁奶油

2汤匙生可可粉

1汤匙椰子油

1/4茶匙香草精

1茶匙半枫糖浆

1/4茶匙盐

粉状配料

1汤匙生可可粉

1汤匙椰蓉

1汤匙芝麻

放入冰箱隔夜冷藏——冷藏静置一段时间效果更佳。它们可以在冰箱里存放一周，但是一旦人们打开尝过，它们就不能保存那么长时间了。

甘蓝、红洋葱和南瓜玛芬

在咖啡馆，我们有时会用樱桃番茄、西红柿、菲达奶酪和菠菜来制作玛芬。它最美的地方就是可随机应变。

将烤箱预热至190摄氏度，将8个纸杯放入松饼烤盘内。

小火加热深平底锅，加入橄榄油，放入洋葱片煸炒出汁，偶尔搅拌一下，10～15分钟后，至洋葱片透明而不变黄即可。

在洋葱中加入磨碎的南瓜，继续煸炒5分钟，然后加入甘蓝叶、少量黑胡椒，有需要的话加入一些辣椒，加入一半的盐，再继续炒3～5分钟，直到蔬菜变软，然后关火，稍微冷却。

将鸡蛋放入碗中，加入发酵粉，撒上少许黑胡椒和盐，打发。

将冷却完的南瓜甘蓝混合物加入鸡蛋中，轻轻搅拌，混合物无须完全冷却，如果为了避免温度过高导致鸡蛋被烫熟，就加快搅拌速度。

配料（8个玛芬量）

1 汤匙橄榄油

2 颗小红洋葱，各自切成两半后，切片

250克南瓜，去籽后，研碎（最快的办法是放入食物料理机）

150克甘蓝叶，切碎

少量黑胡椒

少量辣椒（可选）

1/2 茶匙盐

6 个鸡蛋

1 茶匙泡打粉

你还需要：12孔的松饼烤盘和8个纸杯

　　将混合物放入纸杯至接近顶端（要留点空隙让松饼膨胀），在烤箱中烤制 20 分钟，玛芬会饱满结实，顶部金黄。

· 保持安好的旅行指南 ·

你想要飞? 那就得扔掉那些给你负担的玩意儿。

——托妮·莫里森

　　我们假设你知道如何管理自己的上下班路程,但有时我们不得不去更远的地方旅行,这可能会让你筋疲力尽,无论是出差还是旅游。

　　我们花了很多时间去旅行,以下是我们找到的最适合我们的方法。

- ## 在飞机上

  * 一旦登机，就把你的表调到目的地的时区，然后试着按照这个时区的时间吃饭和睡觉。

  * 尽量避免食用包装好的飞机餐，尝试自带一餐（或两餐）。可以是简单的麦片和酸奶，或者是糙米和煮熟的蔬菜。在飞行的过程中，身体的消化能力较差，所以应尽量选择一些熟食（不要生的），并且要少盐。如果没办法提前准备食物，那么就在离开家前或在机场餐厅吃饱吃好。

  * 带一条自己的毛毯或大围巾盖在头上，还要带颈枕、眼罩、耳塞和降噪耳机。

  * 将几滴芳香精油倒入少许水中，做成喷雾。为了照顾邻座的感受，请喷在你的毛毯里面！我们会使用乳香、柠檬、茶树或薰衣草精油（或者几种混合用），把它喷在座椅上、扶手上、毯子上——或者喷在纸巾上，然后用纸巾擦拭这些地方。

  * 一上飞机就看电影对你不太好。看看能不能先放松一下，休息一会儿，因为你可能为整个旅行和到达机场做准备而承受了一定的压力。所以，最好先休息一下，或者睡一会儿，醒来以后再去看一些东西。

  * 喝水，喝水，再喝水。

  * 在飞机上伸展身体总是有好处的。可以在厕所旁边把你身体的每

一部位都伸展一下。

踮脚 15 次。

将脚踝分别旋转 5 次。

向后弯曲膝盖，用手扳着脚向上伸展，放松股四头肌。

两腿来回摆动几次。

颈部旋转 3 次。

肩膀向前、向后各扭动 3 次。

*低头，脊柱跟随向下，膝盖微屈，直到你的手接触地面。然后用脊椎力量起身。这样做 3 次。

▪ 旅行饮食指南

实话实说，旅行是很累、很有压力的。这不是强制执行饮食规则的时候，也不是决定你是只吃有机食品还是什么都不吃的时候。如果你超级累，想吃甜的东西，那就吃吧——或许你更该带一块你真正爱吃的巧克力，而不是去机场的商店里随便买点什么。

我们喜欢带以下东西上飞机：

*坚果和瓜子。

*切好的苹果或**胡萝卜**，可以在长途飞行中提神醒脑。

*香蕉（香蕉很容易消化，也含有镁和色氨酸，可以帮助你入睡）。

* 味噌汤包，可以让空乘人员帮你拿热水泡。
* 草本茶包，洋甘菊有利于睡眠，而薄荷有助于消化。
* 自制的松饼或玛芬是旅行的最好选择（见第 230 页）——不要带餐具，免得它们散落得到处都是。

• 抵达目的地

* 即使在飞机上已经喝了大量的水，但是旅行时总是脱水，所以在抵达后要继续补充大量水分。
* 一到家或酒店，马上洗个热水澡，或者泡在加入泻盐（在头天晚上把它们装在拉链袋里带上）的浴缸里。为了加快血液循环，洗头的时候要按摩头皮，全部结束时用毛巾擦拭身体。
* 结束飞行后，用下犬式做轻微拉伸。或者躺在床上，腿靠在墙上待 5 ~ 10 分钟。
* 在你准备离开的时候，尽快整理行李，不要等到快离开时再整理。这会让你感觉更踏实，更安定。
* 一旦梳洗完毕，就出去散散步，呼吸一些新鲜空气，如果可能的话，白天这样做可以帮助你适应新的时区。
* 清醒的时间尽可能长时间地适应新的时区，但是如果真的需要，也可以早睡，或者睡个午觉。

- ▪ 旅行情感准备

当你有太多实际的准备需要做的时候，可能觉得自己没有时间去做情感准备。但是，如果你有时间去释放旅行计划的压力，就有时间去做积极的情感准备。

* 出发前几周，列一个任务清单，暂停你在工作和家庭方面的责任，这样在你离开之前，思绪就不会为琐事所打扰。为办公室和家中的事务做一个关闭列表。

* 提前做好打包准备。把你的手提箱放在地板上，在出发前一周慢慢打包。不要在最后一分钟做所有的事情，那会让自己筋疲力尽。

* 在飞行前一晚早点上床睡觉，不要寄希望于在飞机上睡。如果能在一个合适的时间上床睡觉，你会感觉好很多。

* 有时多花点钱坐白天固定时间起飞的航班而非红眼航班是值得的。

- ▪ 当旅途中出现问题时

航班被取消、火车晚点，或者酒店没有你预订的记录……旅行的时候，你总是很难应对意想不到的变化，尤其是当你在旅途中感到疲惫又身处陌生的环境中时。你无法控制周围发生的一切，谁也做不到——但是你可以控制自己的反应。

记住，没有人会破坏你的生活。每个人都在尽自己最大的努力，即使你不喜欢。深吸一口气，微笑，对你正在接触的人友善一点，希望他们也会报以友善。

纳迪娅：我曾经在意大利度了个小假，我非常仔细地收拾好行李，带了所有需要的东西。你猜怎么着？航空公司把我的行李箱弄丢了！在这种情况下，我通常无法冷静，会十分生气，但那天我选择了不生气。当我到达旅馆时，感觉阳光灿烂。我吃了一碗美味的意大利面。我借了一件衬衫，酒店给我洗了衣服。我为自己能够学习和实践我想要的东西而感到自豪。保持冷静，看清事情不是围着我转的，放开那些我无法控制的事情。事实证明，我并不是很需要之前打包好的那些东西，没有一件是必需品！

· 家，心之所在 ·

告诉自己，别急，慢慢来，你正在回家的路上。

——纳伊拉·瓦希德

你的家应该是你的避难所，是让你休息、休养和恢复的地方。走进家门，你应该感到放松和平静。你的家会让你有这样的感觉吗？还是你只是看到一堆需要熨烫的衣服，或者是水槽里堆起来的脏盘子？

想象一下，如果你邀请了一位特别的客人，你会如何装扮自己的房子：点燃蜡烛，音乐响起，火焰燃烧，所有的表面干净无尘，靠垫饱满。我们总是为别人把房子收拾得干净漂亮，却很少为自己这么做。

问问自己：你喜欢在别人家或酒店里看到什么？鲜花？干净的床单？漂亮的香薰蜡烛？你会买一两样这类东西放在自己的家里吗？

你值得享受一栋拥有你最喜欢的东西的美丽房子。这些东西不必价格昂贵或样式花哨，你只需要爱它们。我们喜欢从旅行中带回一些小东西，它们提醒我们记起那些与朋友和家人共度的时光。如果你觉得这些东西是"最好的朋友"才能用的——不管是盘子、衣服还是花瓶——那就把它们拿出来自己用吧。

你的家是你身份的象征，讲述着你想要怎样的感受这个故事，请让你的故事变得更舒适、平静和美丽。

▪ 打造你的避难所

只要对家庭环境做一些小小的改变，就会给你的内心带来巨大的好处，使心境变得平和。

*当你晚上回到家时，把精力从白天模式变成放松模式，从外界变成室内。进入房子的时候脱掉你的鞋子，换掉衣服——是完全地换掉，甚至包括你的内裤。我们有一个特别的抽屉，里面装有各式的衣服：睡衣、汗衫、宽松的毛衣和柔软的袜子。

*如果有时间，回家后冲个凉或泡个澡。如果没有时间，那么至少要洗手——洗掉这一天的经历，不要把外面的世界带进家里。

*如果可以的话，给你的房子装满植物和鲜花。如果你是室内植物杀手，那么试试养些多肉植物，也许可以避免它们因为你的忽视而早早枯萎。

*水晶是美丽的东西，被公认为能带来很好的能量。在你的客厅里放一块紫水晶，可以让你远离消极情绪；在办公桌上放一只石英表，能让你的头脑变得清晰、专注；在卧室里放上一块玫瑰形状的水晶，会让你心里充满爱和怜悯。

*即使你是租房住，也要让你的房子变得舒适，让它成为你自己的避难所。请求房东允许你粉刷墙壁、挂自己的照片，买新的毛巾和床单。即使只待很短的一段时间，它也是你每天的避难所。

*放上雾化器或香薰炉。早上，多使用充满活力的精油，例如柠檬、

薄荷、柠檬草、罗勒和桉树等植物的精油。晚上，你可以换用薰衣草、依兰、佛手柑和香根草等植物的舒缓精油。

* 焚烧鼠尾草，清除负能量。这是一种传统的美国习俗，用一根干白鼠尾草（不是普通的厨房鼠尾草）——你可以在网上或任何健康食品店买到。如果有人在家里哭泣，或者上演了一出闹剧，那就烧鼠尾草，想象着那些消极的能量正离开你的空间。具体操作是，点燃鼠尾草的末端，把明火熄灭，直到它产生烟雾。你可以

拿着鼠尾草在整个房子里走动，或者在你周围摇晃。如果你感觉不舒服，点鼠尾草也很有用。当然，要确保窗户是开着的，而且不要靠近火警报警器！

▪ 风水知识入门

在香港期间，我们习惯了风水先生的到来，以确保家里的一切都是正确的——甚至某些墙壁和门被涂上了正确的颜色。在香港，每个人在搬家、创业或生活中发生其他变化时，都会关注风水。

如果是刚刚接触，你可能觉得风水是一种很奇怪的做法，但它只是在你的房子里创造良好的能量和能量流。像面对所有事情一样，在你放弃之前尝试一下！最糟糕的情况只是让你的家变得更整洁而已。

以下是一些你可以应用到自己家里的基本风水原则。

* 一切东西都应该有它自己的位置。你的家应该以一种方式组织起来，你只需要快速整理和擦拭台面或桌子就可以。

* 检查你的东西，扔掉不需要的。保持房子整洁干净会让你的大脑感觉整洁。如果你买了新东西，就把旧的拿出去。

* 通常，你会把所有东西都塞进橱柜或抽屉。如果你有半个小时的时间，那么就用来选择要扔掉的东西吧，然后把所有要留的东西都摆放整齐。

* 扔掉所有破损的东西——有缺口的杯子或盘子。在风水中，这类
  东西代表着你生活中的裂痕或烦恼。

* 别让镜子照着你的床。睡着的时候，你的脚不应该靠近你的房门，
  头不应该朝向窗户。

* 把不穿的衣服都送出去。如果你需要保留一件衣服，但在接下来
  的几个月里都不会穿，那就把它放到储藏室里。

* 做你讨厌的工作：归档、管理等。当你知道自己需要做这些工作时，它们会占用你大脑的很多空间。如果你需要帮助，那就去寻求帮助。

■ 获得平静的捷径

如果在家里点一根香薰蜡烛或烧一些精油会让你感到平静、快乐，那么你的大脑就会在气味和放松之间建立联系。所以，当你感到疲惫的时候，可以简单地点燃蜡烛或烧一点精油，并将气味作为帮助你快速得到放松的一种捷径。

* 购买香薰蜡烛时，要确保它们是由天然蜡制成的，并含有香薰油，而不是香水。

* 使用芳香扩散器和精油。精油的好处不仅仅在于其气味，还在于它会影响你的情绪和健康。你可以找到一些通用的指导说明，但这也是因人而异的，你值得反复尝试以找到适合自己的。购买时，要选择那些天然油脂，而不是那些含有香水的精油。

* 鲜花和绿色植物看起来很漂亮，闻起来也很香。冬天鲜花很少时，我们喜欢把切好的桉树叶子放到花瓶里，让整个家充满芬芳。

* 在洗拖把的水里加几滴精油，可以试试罗勒、柠檬或橙子精油。你也可以用同样的方法擦拭家具的表面和栏杆。还可以在洗衣液

里加几滴，或是在衣服晾干的时候加几滴。

*如果空间充足，可以种植草本植物：薄荷和罗勒在阳光充足的窗台上会散发可爱的气息。

*烤一个蛋糕或做一杯新鲜的咖啡。如果你邀请朋友到你家做客，没有比蛋糕的味道更让人感到受欢迎和被呵护的了。

·睡眠是一剂良药·

每晚睡前自我谅解一次，每天早上醒后再做一次。

——阿农

我们都知道，醒来后精神焕发、精力充沛和无精打采、按下小睡按钮之间有什么不同。睡眠对整个身体来说都是一剂良药，有时，如果纠结于一个问题或一种情绪，你只需要睡上一觉。

是的，我们要告诉你早点睡觉。不是每天晚上都要早睡，但是你能试着每周安排几个晚上早睡吗？很多人不愿意早睡，因为他们认为这是一种自我惩罚，或者觉得早睡会错过什么。如果你也是这样的话，我们保证你会改变这种态度，认为把睡觉时间变成一种享受是值得的。睡得很晚，不仅睡觉时间更少，而且深度睡眠会更少。

睡眠是自我关爱最重要的元素之一，尤其是对正在经历诸如丧亲、分手、沮丧或焦虑这类大事件的你来说。或许你真的想睡却睡不着？

我们知道，你可能听说过很多类似的睡眠策略，有一些还很简单，但好像人们并不愿意那样去做！这是因为你真正需要的解决方案都不是即刻生效的。

当你在花盆或花园里种下一粒种子时，你不会一直挖下去看它是否开始生长了。你信任这个过程，相信最终会得到美好的东西。我们建议你也尝试一下这些变化，看看最终会发生什么。

祝君晚安！

▪ **美好的夜晚始于美好的白天**

* 每天都到户外活动活动。最好是一大早就出去，唤醒自己，如果天气晴朗就更好了。暴露在自然光下有助于调节体内生物钟。

* 早上整理好床铺，这样等你回到家准备睡觉的时候，它会变得很吸引人。

* 午餐后避免摄入咖啡因。尝试坚持一个星期，看看会发生什么。

▪ **回家以后**

* 下班回到家要洗个澡，或者刚吃完饭就去洗澡。然后穿上睡衣，让你的身体得到充分的放松。

* 确保吃完晚饭两个小时后再上床睡觉，否则你的身体在应该睡觉的时候还要进行消化。

* 拒绝酒精。不需要完全戒酒，但是要知道酒精会影响你的睡眠，所以每周给自己几个不喝酒的夜晚是不错的选择。

* 在睡前三小时处理完电子邮件（尤其是工作邮件）和社交媒体。如果你脑子里还想着一件你需要做的事情，那就把它写下来（用笔，放下手机），第二天再处理。

* 无论在哪里，晚上 9 点以后把灯光调暗。

* 整理包、衣服，为第二天做准备。这样第二天早晨会更轻松。

* 你甚至可以在前一天晚上准备第二天的早餐；我们就喜欢做隔夜
燕麦（见第 139 页食谱）。

■ 睡前时间

* 在上床睡觉前做好自我整理，仿佛自己置身在一家不错的酒店
里。打开床头灯，确保你的衣服已经整理妥当，或许你还可以使
用一些舒缓的精油，如薰衣草、洋甘菊或马郁兰。

* 凉爽（最高 18 摄氏度）安静的房间最适合睡觉。开窗通风。如果
房间很吵，或者睡在打鼾者旁边，那就戴上耳塞。

* 房间越黑越好。拉上窗帘并关掉所有光源。如果很难保证房间里
漆黑一片，那就戴上眼罩。

* 把所有的发光屏幕放在另一个房间里。手机或 iPad 的蓝光会干
扰诱导睡眠的褪黑素。如果你早上需要被手机上的闹铃叫醒，那
么为什么不买一只老式的闹钟呢？

■ 额外的睡眠帮助

* 买你能买得起的最柔软的床单和最舒服的睡衣（或者裸睡，以任何你感觉舒服的方式），让睡觉成为一种乐趣，而不是一件苦差事。

* 镁被认为是一种有利于睡眠的矿物质，因为它有助于放松肌肉。你可以服用镁补充剂，在精油或面霜中添加镁，或者在洗澡时使用富含镁的泻盐。

* 甘菊茶是一种神奇的睡眠辅助品。睡前喝一杯。从茶叶里提取整芽，或者泡含有整芽的茶包，会产生最强烈的助眠效果。

* 在一小瓶水里加入 10 ～ 15 滴薰衣草精油或洋甘菊精油作为枕头喷雾来让自己放松。或者在手上滴一两滴精油，双手揉搓，然后擦在枕头或床单上。

* 晚上尽量避免剧烈运动，因为这会让你的肾上腺素水平上升。可以试试包含很多深呼吸动作的瑜伽。

* 试试瑜伽休息术，也可以理解为瑜伽式的睡眠。有很多瑜伽休息术的应用程序可用；它们会通过一个口头的冥想来让你获得彻底的身心放松。找到一个你喜欢的程序可能需要时间，但要坚持不懈地寻找。

* 做一个大幅度的全身挤压和释放。躺在床上，伸伸腿，双手握拳揉捏你的脸，收紧所有的肌肉，在身体里制造尽可能多的紧张感。然后完全释放，让身体重重地摊在床上。重复做 3 次。

* 尽量不要在睡前与别人发生任何争论，即使这意味着你要去说对
不起。但是，说自己错了比证明自己正确更利于你得到一个更好
的睡眠。

* 如果你有睡眠问题，就试着记睡眠日记。在一周的时间里，跟踪
记录你吃了什么、摄入咖啡因或酒精时你的感觉、争论、焦虑，
睡前在电脑或电视上看悬疑、暴力电影时的感受。看看以上每件
事是如何影响你的睡眠的。

凯蒂娅：如果我晚上 11 点还不睡觉，不论我是否喝过
酒，第二天我都会觉得好像被卡车撞过一样。我知道，对我
来说，最适合的睡眠时间是晚上 10 点半。当然，并不是一
直这样——有时候熬夜也是值得的——但是大部分时间是这
样的。

▪ 当你真的无法入睡时

总会有些夜晚你无法入睡，也许很难安静地睡去，或者是半夜醒
来时，思维还处于活跃状态。不要因为睡不着而紧张，因为这可能会
形成一个恶性循环，让你因为担心醒着而醒着。

最好不要在短时间内太在意自己的想法。这是一个脆弱的时刻，

当情绪高涨时，你可能会因为感到恐惧、内疚或恐慌而让自己紧张。把你的担忧写在笔记本上，告诉自己第二天就能解决它们，这样做会很有帮助。通常，这些担忧会在第二天早上减轻很多，也会变得不那么重要。

　　试着起来并离开卧室一会儿。接受你现在醒着的事实；读一本书，或者给自己沏一杯甘菊茶。现在不是上网的时候（哪怕是搜索治疗失眠的方法）。让自己从"我必须睡觉"这个令你惊慌失措的想法中分身出来！你可能会发现自己自然会变得更困倦。

切记，长期睡眠障碍可能会引起更严重的症状，比如抑郁症。如果你失眠的时间超过几周，那么你可能就需要去看医生了，或者去看心理医生。

当我们无法入睡时，喜欢做一个睡前身体扫描，即使不能马上入睡，也会感到平静和放松。

▪ 睡前身体扫描

躺在床上，双腿舒舒服服地分开，手臂伸展在身体两侧，掌心向上。如果腿伸直会让你的下背部不舒服，可以在膝盖下放一张垫子或一个毛毯卷。如果你喜欢，还可以戴上眼罩。

确保你足够暖和，因为当你放松时，你可能会觉得冷。

深吸一口气，然后从口中发出深深的叹息。重复3次。感受你的身体完全释放到床上。

把注意力放在脚上，默默地对自己说，我放松我的脚。我的脚感到放松了。

然后用同样的方法延伸至全身上下：

我放松我的腿。我的腿感到放松了。

我放松我的手。我的手感到放松了。

我放松我的胳膊。我的手臂感觉很重，很放松。

我放松我的臀部。我的臀部感到放松了。

我的腹部变得柔软、放松了。当我用腹部吸气时，腹部自然会鼓起。当我呼气时，它自然变得柔软。

我放松所有支撑我脊椎的肌肉。我的腰部和上背部的肌肉都放松了。

我可以放松脖子和肩膀的任何紧张部位。我的脖子和肩膀没有紧张感，感觉很放松。

我放松了我的头。我的头很沉，很放松。

我的嘴唇变得柔软。我在我的牙齿之间创造了空间。我的下巴变软了，放松了。

我放松了眼睛，眼皮也很沉。我的眼睛感觉放松了。

我的大脑得到了放松。

我的整个身体都感到放松，每一次呼气，我都在向下沉入床中。

感谢你的身体每天为你发挥的一切功能。

深吸一口气，然后从口中发出深深的叹息。

你可以多次重复这个动作。

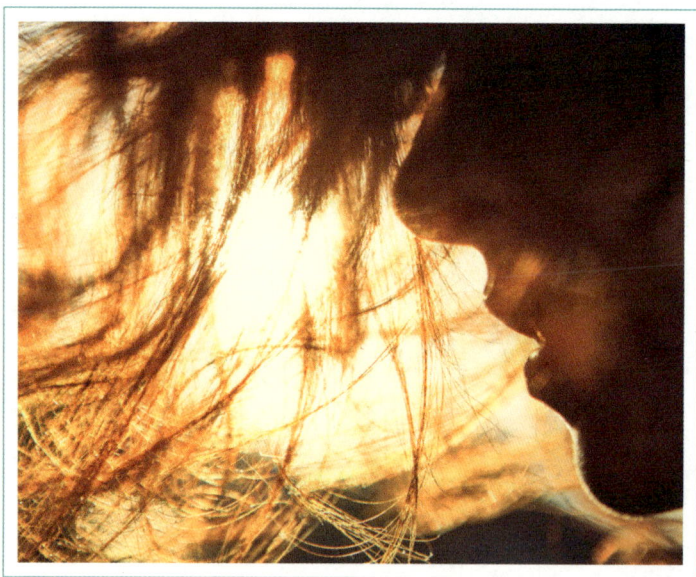

· 如何闪耀你的光芒 ·

* 审视自己。注意自己的感受。每天都这样做，如果可以的话，每天多做几次。

* 问问自己：你觉得轻松的感觉是什么样的？

* 什么时候你觉得你和自己的光芒不匹配？

* 你现在能做些什么，让自己和别人更加耀眼？

* 问问自己：此时此刻，轻松自在的感觉会是什么样的？

* 每天做一天事，让自己闪耀光芒。

　　这是我们关于自我关爱建议的结尾，但希望这是你开始自我关爱之程的起点。

　　记住，自我关爱永远没有终点，也没有达到完美自我的时刻。相反，要把它看成一个不断发展、让你觉得自己是最好的自己的过程，不论你现在身在何处。

　　如果我们能告诉你一个主旨，那就是爱、希望、平静、快乐和光芒是不需要你出去寻找的，它们本来就存在你的身体里。希望自我关爱可以帮你找到它们。

· 后记 ·

纳迪娅：**在成长过程中，我和妈妈的关系很僵，所以，在不到 16 岁的时候，一有机会我就立刻离开了香港。我很幸运地找到了一份工作，让我能够养活自己，周游世界。每当看着朋友们的孩子时，我都无法相信自己是在像他们一样年轻的时候做了这些事情。**

虽然我和凯蒂娅很幸运地在健康的饮食和锻炼中被抚养长大，但我从未觉得自己被教导过要在情感上关爱自己。加上在很小的时候就开始独立生活，造成了我总是通过看向外界、关注其他人来让自己情绪稳定，而不是学习在自己身上找到平静。

当我 18 岁第一次参加瑜伽班时，我感觉就像回到了家一样。瑜伽让我感到柔和、安全、得到提升，并帮助我学习一种新的生活方式。我已经教瑜伽二十多年，现在还在不断地学习和练习。

瑜伽让我学会冥想，它能帮助我厘清思绪。我讨厌听起来很俗气的话语，就像"练习冥想，你就会很平静"，但冥想意味着训练大脑，而我的大脑有一种变化无常的倾向。因此，找到一种有助于解决问题的方法，就像在生活中找到一条新的道路一样。

这一切都不是即时生效的。它用了很长时间，通过许多不同的实践和书籍来教导我学会软化自己的棱角，敞开心扉，关爱自己、接受自己，而不是试图去修复自己。

我希望你也能为自己找到这个方法。

> 凯蒂娅：像纳迪娅一样，我也很早就离开了家。二十多岁的时候，我去很多地方旅行。在别人看来，我似乎在探索世界的过程中感觉很愉快，但我内心感到的是不安和不确定。我很难觉得关爱自己是美好和值得的事，我的生活按下了自我毁灭的按钮。

我的自我关爱之旅始于自我发现。我总是乐于接受另类的生活方式。我开始接受自己走在一条不同的道路上，而并非与它抗争。

我从旅行中得到的最大教训是，无论你走到哪里，你的不爽都会跟着你，所以不妨去那些人们真正爱你的地方，面对你的问题并开始处理它们。

我决定到伦敦和我的妹妹及好朋友一起生活。花在旅行上的时间也没有浪费：在夏威夷期间，我学习了做生食和果汁，这让我在2004年开了自己的"小小地球"咖啡馆。现在我在伦敦经营花蜜咖啡馆。

定居在伦敦，和家人住在一起，是我现在的状态。我学会了怎样让自己的皮肤感觉舒适，学会了爱自己、接受自己。一旦做到这些，我就发现再也不需要逃避自己了。

我希望你也一样。

· 致谢 ·

你知道我们喜欢列清单，现在列的是另一个清单，感谢这些人帮助我们完成了这样一本书。

感谢凯西·菲利普斯，感谢他教给我们关于家庭的知识。感谢约拿·菲利普斯和赫胥黎·菲利普斯，他们是爱与光芒部分的主线，让我们成为更好的人。

感谢我们出版公司的每一个人：皮帕·莱特，因为他给了我们机会，相信我们，知道我们在说什么。你是一个善良且坚定的编辑，最完美的结合体。丽齐·盖斯福德，感谢你美丽的眼睛和所有人手齐备的支持。约卡斯塔·汉密尔顿，为你灿烂的笑容和不断的安慰而喝彩。感谢纳杰玛·芬利、贾斯名·罗和赛斯莱特·沃德给予的所有最好的刺激和鼓励，感谢梅丽莎·福尔和维基·奥特威尔带来的完美的封面和阿维·哈茨霍恩的设计。

布里吉德·莫斯，他明确了我们的思路，把我们的话语按正确的顺序进行排列。

布里塔·雅各布森，感谢你的慷慨。

佐伊和摩根，感谢你们的珠宝。

尼科拉·邓恩，在我们难以保持冷静时，总是为我们提供一个新的视角。

卡罗尔·英格拉姆，感谢你的支持。

金姆·希恩，感谢你捕捉到我们喜欢被人看到的样子。

皮普和本·英厄姆，梦之队和最好的朋友，他们为我们的书添了美丽。

埃罗伊斯·马克威尔－巴特勒和亚历克斯·哈迪，他们是完美的主人，并把华丽的房子借给了我们。

哈罗拉·汉密尔顿的食物照片曾让凯蒂娅喜极而泣，而艾玛·拉哈耶则是非常努力地工作，把一切都打扮得如此美丽。

妮基和杰伊在服装间，为了面料和友谊做了很多努力。

维纳斯·罗克斯，感谢你把美丽无价的水晶借给我们。

感谢未命名的（花店），提供了完美的花。

感谢花蜜咖啡馆的所有工作人员，以及特别感谢若苏埃·萨巴莱塔——我们的彩虹卷大师。

感谢迈克尔·埃斯特德为大家提供帮助和灵感。

马修·弗洛伊德，谢谢你每天都来。

劳伦·菲利普斯——没有你，什么也做不了。

古鲁穆奇，彻底改变了我们的生活轨迹。

乔纳森·萨丁，他给了我们一个创新和信任的平台，让我们知道自己在做什么，即使我们不确定自己做了什么。

　　感谢在这条道路上教会我们关于自我关爱和关心他人知识的所有老师。

　　感谢那些每天出现在教室和咖啡馆的人，是你们让我们每天早上醒来就可以做我们喜欢的事。

　　谢谢所有人。

· 图片提供 ·

目录前、2、31、59、67、101、102、106、180、215、219、223、256页图片由皮普·库珀提供。

前言7、64、253、258页图片由金姆·希恩提供。

10页图片由克里斯蒂娜·威尔逊提供。

22、29、33、37、39、63、83、85、87、117、133、136、138、140、144、154、169、171、173、175、229、231、241、245页图片版权为哈拉娜·汉密尔顿所有。

42、50、71、74、94、109、125、149、165、188、191、203、239页图片由纳迪娅·纳拉因拍摄，由蜜蜂与狐狸杂志设计并刊登于245页。

54、156页图片由艾丽莎·兰比亚提供。

61页图片由凯迪娅·纳拉因·菲利普斯拍摄。

80页图片由玛尼泽·赖莫尔提供。

99页图片由帕梅拉·比利提供。

142页图片由纳拉因家族收集提供。

160页图片版权所有：艾丽西亚·博克/斯托克斯联合图片社。

178页图片由莫尼·纳拉因提供。

194 页图片版权所有：约瓦娜·利卡洛 / 斯托克斯联合图片社。

199 页图片版权所有：丹尼尔·金 / 斯托克斯联合图片社。

200 页图片版权所有：布鲁斯洛夫·朱可夫 / 斯托克斯联合图片社。

206 页图片版权所有：克莉丝汀·麦基 / 斯托克斯联合图片社。

210 页图片版权所有：罗尔佛 / 斯托克斯联合图片社。

217 页图片由克里斯·米勒提供。

243 页图片版权所有：凯蒂 + 乔 / 斯托克斯联合图片社。

开启你的
自我关爱之旅

日 期 ＿＿＿＿＿＿＿＿＿＿＿＿＿

姓 名 ＿＿＿＿＿＿＿＿＿＿＿＿＿

如果我不能关爱自己，就无法更好地关爱他人，也就无法成为最好的合作伙伴、最好的员工、最好的老板、最好的爱人或最好的朋友。我每天都有权获得自我关爱的能力，以便更好地爱自己，成为生命中的最佳自我。

签 名 ＿＿＿＿＿＿＿＿＿＿＿＿＿

从现在开始，跟踪你生活中与自我关爱主题相关的每一个活动，记录自己的感受，并对其进行评分（从1～10，表示从不太好到很棒）。

自我关爱主题	我的感受（1～10）	备注
爱		
希望		
平静		
快乐		
光芒		

自我关爱主题	我的感受（1 ～ 10）	备注
爱		
希望		
平静		
快乐		
光芒		